国家出版基金项目
NATIONAL PUBLICATION FOUNDATION

河（湖）长能力提升系列丛书

HE-TANG-HU-KU SHUI WENHUA

河塘湖库水文化

主　编　蒋剑勇
副主编　雷水莲　张翠英

HE (HU) ZHANG NENGLI TISHENG XILIE CONGSHU

中国水利水电出版社
www.waterpub.com.cn
·北京·

内 容 提 要

本书为《河（湖）长能力提升系列丛书》之一，主要对河塘湖库的水文化进行多维度的阐述，全书共分 6 章，从水文化的概念、基本结构和主要功能入手，介绍河塘湖库物质水文化、制度水文化和精神水文化的丰富内容，并探讨了水文化遗产保护与开发以及水文化在水工程建设的应用。本书力求凝聚诸多水文化研究者的智慧，发现河塘湖库水文化建设的生动个案，旨在理论与实践相结合，为学习者提供较好的水文化滋养，进一步提升人水和谐的理念，为打造"水网相通、山水相融、城水相依、人水相亲"的河湖水环境做出应有的贡献。

本书适用于水利行业相关人员的培训，也可供从事水文化教学研究的教师参考和大学生阅读。

图书在版编目（CIP）数据

河塘湖库水文化 / 蒋剑勇主编. -- 北京 ：中国水
利水电出版社，2019.9
　（河（湖）长能力提升系列丛书）
　ISBN 978-7-5170-8293-4

　Ⅰ．①河… Ⅱ．①蒋… Ⅲ．①水—文化研究—中国
Ⅳ．①K928.4

中国版本图书馆CIP数据核字(2019)第277441号

书　　名	河（湖）长能力提升系列丛书 **河塘湖库水文化** HE-TANG-HU-KU SHUI WENHUA
作　　者	主编　蒋剑勇　副主编　雷水莲　张翠英
出版发行	中国水利水电出版社 （北京市海淀区玉渊潭南路 1 号 D 座　　100038） 网址：www.waterpub.com.cn E-mail：sales@waterpub.com.cn 电话：(010) 68367658（营销中心）
经　　售	北京科水图书销售中心（零售） 电话：(010) 88383994、63202643、68545874 全国各地新华书店和相关出版物销售网点
排　　版	中国水利水电出版社微机排版中心
印　　刷	北京印匠彩色印刷有限公司
规　　格	184mm×260mm　16 开本　10.75 印张　204 千字
版　　次	2019 年 9 月第 1 版　2019 年 9 月第 1 次印刷
印　　数	0001—6000 册
定　　价	**50.00 元**

《河（湖）长能力提升系列丛书》
编 委 会

主　　任　严齐斌

副 主 任　徐金寿　马福君

委　　员（按姓氏笔画排序）

王　军	王旭峰	王洪军	韦联平
卢　克	白福青	包志炎	邢　晨
朱丽芳	朱浩川	阮跟军	严爱兰
李永建	何钢伟	余　魁	余学芳
张　威	张　浩	张亦兰	张建勋
张晓悦	张喆瑜	陈　杭	陈　茹
陈　通	陈宇明	陈晓东	林　统
郑月芳	宗兵年	姜再通	夏银锋
顾　锦	高礼洪	黄伟军	曹　宏
戚毅婷	崔冰雪	蒋剑勇	韩玉玲
雷水莲			

丛书主编　华尔天

丛书副主编　赵　玻　陈晓东

丛书前言
FOREWORD

党的十八大首次提出了建设富强民主文明和谐美丽的社会主义现代化强国的目标，并将"绿水青山就是金山银山"写入党章。中共中央办公厅、国务院办公厅相继印发了《关于全面推行河长制的意见》《关于在湖泊实施湖长制的指导意见》的通知，对推进生态文明建设做出了全面战略部署，把生态文明建设纳入"五位一体"的总布局，明确了生态文明建设的目标。对此，全国各地迅速响应，广泛开展河（湖）长制相关工作。随着河（湖）长制的全面建立，河（湖）长的能力和素质就成为制约"河（湖）长治"能否长期有效的决定性因素，《河（湖）长能力提升系列丛书》的编写与出版正是在这样的环境和背景下开展的。

本丛书紧紧围绕河（湖）长六大任务，以技术简明、操作性强、语言简练、通俗易懂为原则，通过基本知识加案例的编写方式，较为系统地阐述了河（湖）长制的构架、河（湖）长职责、水生态、水污染、水环境等方面的基本知识和治理措施，介绍了河（湖）长巡河技术和方法，诠释了水文化等，可有效促进全国河（湖）长能力与素质的提升。

浙江省在"河长制"的探索和实践中积累了丰富的经验，是全国河长制建设的排头兵和领头羊，本丛书的编写团队主要由浙江省水利厅、浙江水利水电学院、浙江河长学院及基层河湖管理等单位的专家组成，团队中既有从事河（湖）长制管理的行政人员、经验丰富的河（湖）长，又有从事河（湖）长培训的专家学者、理论造诣深厚的高校教师，还有为河（湖）长提供服务的企业人员，有力地保障了这套丛书的编撰质量。

本丛书涵盖知识面广，语言深入浅出，着重介绍河（湖）长工作相关的基础知识，并辅以大量的案例，很接地气，适合我国各级河（湖）长尤其是县级及以下河（湖）长培训与自学，也可作为相关专业高等院校师生用书。

在《河（湖）长能力提升系列丛书》即将出版之际，谨向所有关心、支持和参与丛书编写与出版工作的领导、专家表示诚挚的感谢，对国家出版基金规划管理办公室给予的大力支持表示感谢，并诚恳地欢迎广大读者对书中存在的疏漏和错误给予批评指正。

华和天

2019 年 8 月

本书前言
FOREWORD

　　2016 年 12 月 11 日，中共中央办公厅、国务院办公厅印发《关于全面推行河长制的意见》（以下简称《意见》）。《意见》指出，全面推行河长制是落实绿色发展理念、推进生态文明建设的内在要求，是解决中国复杂水问题、维护河湖健康生命的有效举措，是完善水治理体系、保障国家水安全的制度创新。《意见》要求，地方各级党委和政府要强化考核问责，根据不同河湖存在的主要问题，实行差异化绩效评价考核，将领导干部自然资源资产离任审计结果及整改情况作为考核的重要参考。

　　2017 年 3 月 5 日，第十二届全国人民代表大会第五次会议在人民大会堂开幕，国务院总理李克强作政府工作报告，指出要全面推行河长制，健全生态保护补偿机制。

　　浙江是最早开展河长制试点的省份之一。从 2008 年开始，浙江推进河长制的脚步就从未停歇。2008 年，浙江在湖州长兴开展河长制试点，随后于嘉兴、温州、金华、绍兴等地陆续推行；2013 年，浙江省委、省政府出台《关于全面实施"河长制"进一步加强水环境治理工作的意见》，并发出了"五水共治"总动员令；2014 年，按照"横向到边、纵向到底"的要求，建立了省、市、县、乡、村五级河长体系，同时层层设立河长制办公室，抽调近 20 名相关人员，集中办公、实体化运作；2015 年，召开浙江全省河长制工作电视电话会议，浙江省委、省政府主要领导部署推进河长制工作，同年出台《中共浙江省委办公厅　浙江省人民政府办公厅关于进一步落实"河长制"完善"清三河"长效机制的若干意见》；2017 年 7 月 28 日，《浙江省河长制规定》（以下简称《规定》）获浙江省人大常委会通过，成为全国首个专项立法的河长制法规，《规定》从 2017 年 10 月 1 日起施行。

　　为全面深化浙江省河长制工作，根据浙江省委办公厅、省政府办公厅《关于全面深化落实河长制 进一步加强治水工作的若干意见》（浙委办发〔2017〕12号）文件要求，浙江省"五水共治"工作领导小组办公室、浙江省河长制办公室制定《浙江省全面深化河长制工作方案（2017—2020年）》，旨在全面贯彻落实党中央、国务院决策部署和浙江省委、省政府治水要求，坚定不移走"绿水青山就是金山银山"之路，以问题为导向，以生态优先、绿色发展为指引，全面深化落实河长制，构建党政同责、部门联动、职责明确、统筹有力、水岸同治、监管严格的治水机制；围绕水污染防治、水环境治理、水资源保护、水域岸线管理保护、水生态修复、执法监管等方面主要任务，全面推进"山水林田湖"综合治理，打造"浙江最美河流"；以更高的要求、更严的标准、更实的举措，按照"系统化、制度化、专业化、信息化、社会化"要求，全力打造浙江省河长制工作升级版。

为了让更多的河长系统地学习河长制理论，加强对河塘湖库的工程性水文化和非工程性水文化的理解和认识，以利于在水利建设中有机融入水文化元素，特组织编写了《河塘湖库水文化》一书。

本书主要对河塘湖库的水文化进行多维度的阐述，全书共分6章，从水文化的概念、基本结构和主要功能入手，介绍河塘湖库物质水文化、制度水文化和精神水文化的丰富内容，并探讨了水文化遗产保护与开发以及水文化在水工程建设的应用。本书力求凝聚诸多水文化研究者的智慧，发现河塘湖库水文化建设的生动个案，旨在理论与实践相结合，为学习者提供较好的水文化滋养，进一步提升人水和谐的理念，为打造"水网相通、山水相融、城水相依、人水相亲"的河湖水环境做出应有的贡献。

本书编写过程中，参考吸收了大量专家、学者的著作和论文，在此表示感谢！由于时间紧迫，加之作者水平有限，书中难免有诸多不尽如人意之处，敬请广大读者和专家、学者批评指正。

编者
2019年8月

目录
CONTENTS

第1章

概　述

1.1　文化与水文化

相对于文化而言，水文化是一个子概念。如果说"文化犹如许多细胞构成的一个整体"，那么水文化就是文化的众多"细胞"之一。认识水文化，必须从认识文化开始。

1.1.1　文化概说

文化，是人们经常提及的词语。不过，如果要深究一下它的内涵、外延等，似乎又很难说清楚。文化，就词的释意来说，文就是"记录、表达和评述"，化就是"分析、理解和包容"。迄今为止，世界上的文化研究著述数以万计，有关文化的解释不下千种。据统计，仅正式的文化定义就有200多种，谈起对文化的理解，人们视角不一，阐述各异，可谓"仁者见仁、智者见智"。传统的观念认为，文化是指一种社会现象，它是由人类长期创造形成的产物，同时又是一种历史现象，是人类社会与历史的积淀物。确切地说，文化是凝结在物质之中又游离于物质之外的，能够被传承的国家或民族的历史、地理、风土人情、传统习俗、生活方式、文学艺术、行为规范、思维方式、价值观念等，它是人类相互之间进行交流时普遍认可的一种能够传承的意识形态，是对客观世界感性上的知识与经验的升华。

广义的文化，是指人类在社会历史实践过程中所创造的物质财富和精神财富的总和。狭义的文化，是指社会的意识形态以及与之相适应的制度和组织机

构。对文化的结构解剖有两分说，即分为物质文化和精神文化；有三层次说，即分为物质、制度、精神三层次；有四层次说，即分为物质、制度、风俗习惯、思想与价值；有六大子系统说，即物质、社会关系、精神、艺术、语言符号、风俗习惯等。

1.1.2 水文化的概念

水，是地球上非常重要而又非常奇特的物质。这个世界，因水而有生命、有生气、有创造、有财富，因而变得美丽多姿；同时，这个世界也因水而有灾荒、有忧患、有贫穷、有不安，因而成为心腹之患。因为水与人类生存、经济社会、治国安邦和生态环境的联系十分密切，所以，水成为重要的文化载体，从而产生了水文化。

水文化的概念是从文化的一般概念中引申出来的。20 世纪 80 年代末，水文化作为一个独立的概念出现。目前对水文化概念的解释虽然很多，但一般认为水文化是指人类与水发生关系所生成的各种文化现象的总和。

同文化的概念一样，水文化也有广义和狭义之分。广义的水文化是指人们在社会实践中，以水和水事活动为载体创造的物质财富和精神财富的总和。狭义的水文化是指通过对水的认知和涉水实践活动所形成的各种意识形态，包括思想意识、价值观念、文学艺术、宗教信仰、风俗习惯等。

从广义的水文化概念出发，正如李宗新先生所概括的，水文化的实质和主要特征表现如下：

（1）水文化的实质是对水文化本质的规定，是区别水文化与其他各种文化形态不同的地方。任何文化都是人类社会活动的产物，人与不同对象，即不同事物发生联系，就会形成不同的文化形态，决定这种文化形态的实质。水文化的实质就是以人为文化的主体，以水为文化的客体，在人与水发生联系的过程中形成的文化。认识水文化的实质，就确立了水文化作为相对独立的文化形态在文化百花园中的地位。

（2）水文化具有以下主要特征：

1）水文化是以水和水事活动为载体形成的文化形态。水文化并不是说水本身就是文化，水只是一个载体，水文化是人们以水和水事活动为载体创造的一种文化。

2）水文化内涵要素和定义类型与文化基本一致。这是文化与水文化最紧密的联系的反映。从水文化的内涵要素讲，水文化具备了人、水、物质财富和精神财富三大要素。

3）水文化的内容博大精深。既有物质形态的水文化，也有精神形态的水文化。人类与水的联系作用于自然界，产生了物质形态的水文化；作用于社会，产生了制度形态的水文化；作用人本身，产生了精神形态的水文化。三者之间，互相联系，各有侧重。

1.2 水文化的基本结构

水文化的基本结构，是指各类水文化内容之间彼此交错联系而形成的一种系统的框架和结构。水文化作为人类文化的重要组成部分，是一个庞大的文化体系。一般认为，水文化的基本结构可分为物质水文化、制度水文化、精神水文化三个层次。

1.2.1 物质水文化

物质水文化，是指人类在以水和水事活动为载体的实践活动中创造的物质财富，是一种有形的，可视、可触的客观存在。物质水文化并不是说物质就是文化，物质只是一种文化的载体，融入了人类的思想与智慧后才是文化。物质水文化主要包括被改造的具有人文烙印的水工程和水工具等。

水工程是指在江河、湖泊和地下水资源上开发、利用、控制、调配和保护的各类工程，如京杭大运河、都江堰、长江三峡枢纽等。水工程建筑的设计、施工、造型、工艺和作用都凝聚着不同时代人们的知识、智慧和创造，是水文化的一种重要载体。

水工具是指治水、管水、用水、保护水的工具，如水车、桔槔等。水工具同样凝结着人类的知识、智慧和创造，是水文化的重要载体。

1.2.2 制度水文化

制度水文化，是指人类在水资源开发利用、节约保护、治理配置等实践活动中形成的一系列规则，主要包括正式法律法规、实施机制和民间非正式规则。

3

我国的水利制度具有悠久的历史，可追溯到春秋时期的"无曲防"条约。

秦汉以后，出现了专门的水利法律法规，如汉朝的《水令》、唐朝的《水部式》、北宋的《农田水利约束》等，到民国时期制定近代第一部《水利法》。中华人民共和国成立后，我国制定了一系列水利管理法律法规，形成了较为完备的水利法律、法规体系。

我国古代的水利职官制度，包括管理水利的政府机构、官职设置、权力授予、决策程序和运行机制等，相沿成袭，代有发展。《尚书·尧典》记载，禹担任的司空一职，就是主管水利、水事的官员，此后历朝历代都在中央设立有专门的水利管理职官：秦汉是都水长（令、监等）；隋、唐、宋都在工部之下设水部，主管水政；明清在工部之下设立都水清吏司，还设立总理河道、河道总督等机构。

在我国，民间以乡规民约形式实施的用水分配与管理，也是水制度文化的重要组成方面。如我国古代对农田灌溉渠道的管理，除干渠外，支渠、斗渠以下，一般由民间管理，管理者多为乡村德高望重者，称渠长、堰长、头人、会长、长老等。渠长等管理人员的主要职责，除了调配水量、保证公平外，还有组织渠道维修养护、征收水费等。再如，古代哈尼族创立的梯田"木刻分水"制度，一直沿用。所谓"木刻分水"，是为了保证分水的公平公正，计量准确，选用质地坚硬的木材刻出开口宽度大小不同的横木，制成明渠流量计——木刻分水器，将其安放在渠道的分水口处，让水分别流入各条水沟，依此类推，进行再次乃至多次分水。

1.2.3　精神水文化

精神水文化，是指人类对水的认知和在涉水实践活动中所形成的精神文化财富，主要包括哲学思想、价值观念、文学艺术、宗教信仰、传统习俗等。

孔子"知者乐水，仁者乐山"，老子"上善若水。水善利万物而不争，处众人之所恶，故几于道"，都是以水为喻的哲学思考。"流水不腐，户枢不蠹""海纳百川，有容乃大""防民之口，甚于防川""宜未雨而绸缪，毋临渴而掘井""易涨易退山溪水，易反易覆小人心""水至清则无鱼，人至察则无徒"……则是我国先民从水中悟出的做人做事的道理。

在中华民族悠久的治水史中，更是孕育了大禹精神、都江堰精神、红旗渠精神、九八抗洪精神等优秀治水传统和宝贵精神财富，是新时代水利精神的重要组成部分。

1.3　水文化的功能

文化具有传承、导向、教化、规范等功能，虽然无形却比有形之物更具力量。和文化一样，水文化主要有知识传承、价值导向、社会教化、行为规范等方面的功能。

1.3.1　知识传承功能

文化可以对历史经验进行复制和交流，使社会信息的传递突破时空的限制，超出个人直接经验的范围，把社会的过去、现在和将来，把直接和间接的经验都联结在一起。

中华民族在长期治水实践中，既创造了光辉灿烂的文明成果，也饱尝失败的艰辛和教训，值得我们今天充分地重视和借鉴。大禹采取"疏导"的方法治水，对于后世关于堵塞与疏导关系的认识产生了重大影响；西汉贾让治河三策中的"上策"，充分体现了人与洪水和谐相处的思想；潘季驯在长期治黄实践中总结出的"筑堤束水、以水攻沙"的治黄方略，体现了治黄的系统性、整体性和辩证法观念，对今天的黄河治理仍然有着十分重要的意义；都江堰主体工程将岷江水流分成两条，其中一条水流引入成都平原，既可以分洪减灾，又实现了引水灌田、变害为利，并在飞沙堰的设计中很好地运用了回漩流的理论，即使在今天看来，也是水工设计中遵循自然规律、利用自然规律的典范；北京北海公园团城，早在公元 15 世纪初就建立起雨水利用工程，在地面上采用干铺倒梯形青砖和深埋渗排涵洞的做法，起到了良好的节水、存水效果。在水利管理实践中，也蕴含着丰富的文化、科学和技术内涵，许多灌区的延续就是管理的延续，我国古代水利管理留下的规章、制度和经验也为我们今天的水利管理提供了借鉴。

1.3.2　价值导向功能

水文化作为一份逐步积淀起来的物质和精神财富，一旦形成，便蕴含着自己独特的价值体系和规范标准，对人们涉水活动的价值取向产生导向作用。

我国古代在水的治理与利用上以"天人合一"为主导思想，有节、有度地开发利用江河湖泊，人水关系总体上处于和谐状态。随着人类改造自然能力的提高，人类开始以自然的主人自居，形成了"征服自然、改造自然""让高山低头，让河水让路"的思维观念。在这种意识的主导下，人类试图通过工业文明的强势，一劳永逸地驯服江河，近乎掠夺性地开发改造江河，违背了江河的自然规律，导致了一系列生态恶果，也加大了解决水危机的难度。经过深刻反思，人们向中华传统文化的精髓——"道法自然"和"天人合一"的宇宙观和哲学观学习，逐渐树立起"人与自然和谐相处"的正确理念，并以此为指导，根据我国的国情、水情，提出了可持续发展的治水新思路。经过多年的探索，这一治水思路不但得到了丰富和完善，而且在实践中取得了良好的效果，对促进水资源的可持续利用和重构人水和谐的社会起到了积极的引导作用。

1.3.3　社会教化功能

水文化作为一种观念形态的文化，对人的思想观念、道德情操、精神意志、智慧能力等方面有着潜移默化的影响。

大禹"三过家门而不入"的奉献精神已成为中华民族宝贵的精神财富，激励着一代又一代中华儿女为国家的富强、民族的福祉而拼搏奋斗。"万众一心、众志成城，不怕困难、顽强拼搏，坚韧不拔、敢于胜利"的伟大抗洪精神，激励着无数抗洪英雄奋不顾身、舍生忘死，世人为之赞叹。道家的"上善若水"和儒家的"知者乐水""君子以水比德"等观念，激励着中国人师法于水，追求高尚道德情操。再如"水过满即止"，寓意做人要谦虚谨慎；"水能载舟，亦能覆舟"，寓意要辩证看待问题；"滴水之恩，当以涌泉相报"，寓意要知恩善报……用今天的话来说，就是水能启示人们要树立正确的世界观、人生观、价值观。

1.3.4　行为规范功能

同其他文化一样，水文化一经形成，便会以一种客观力量规范和约束着人们的思维方式和生产生活方式。如果说涉水的法律法规是一种非情感、超意志的外在强制的话，那么观念形态的水文化则是一种有情感、有意识的"软强制",不过,其作用却如滴水穿石,不可低估。

例如,有关水的信仰民俗一经形成,便世代相传而形成一种对人们心理、语言和行为都具有持久、稳定约束力的规范体系。又如,一些缺水地区经过千百年积淀形成的节水文化,潜移默化地规范着人们的用水行为。我国西北一些极度干旱缺水地区,农民生活用水是将雨水储存到水窖里,一年四季就靠吃水窖里的水度日。由于雨水稀少,窖水有限,人们惜水如命,饮水、用水十分节俭,各家各户每天早上仅从水窖中打出半桶水使用。

第 2 章

河塘湖库与物质水文化

2.1 河湖文化

2.1.1 河流文化

在地球的各类水体中，滔滔江河之水总是流动着，冲开了天地玄黄、宇宙洪荒，冲出了人类文明的新纪元。从人类诞生的那一天起，人类就与江河息息相关，江河是哺育人类的母亲。世界四大文明古国的发祥与兴衰无不与河流有关，文化的起源与兴衰也无不与河流有关。

尼罗河被称为"埃及之母"，它不但孕育了古埃及，更是世界著名文化发祥地之一，这一切首先得益于尼罗河的泛滥。每年尼罗河的定期泛滥不仅给尼罗河三角洲灌一次透水，而且河水还会把从上游带来的大量矿物质和有机物留在尼罗河两岸的田野里，由此形成了地球上最肥沃的土壤。古埃及人早就掌握了尼罗河的规律，早在公元前 6000 年，就在尼罗河两岸繁衍生息，他们不仅从事渔猎，而且从事农耕。到了公元前 5000 年左右，他们不仅学会了用亚麻和兽皮做衣服，用石头做锄板，用木头做小船，用被称为"瑟德"的纸莎草编筐，而且已经创建了围堰造地、筑堤防洪和引水灌溉等水利工程，古埃及人就在这个基础上创造了辉煌的文明。尼罗河三角洲诞生的古埃及文明比古巴比伦和古印度文明还要古老。古埃及人发展了天文、数学、医学、建筑学等，他们保存木乃伊，建造巨大的金字塔、狮身人面像、阿波罗巨像、亚历山大灯塔及各式各样的庙宇等，有的建筑早就被列入世界"七大奇迹"之一。因此，早在法老时期，埃及就流传着"埃及就是尼罗河""尼罗河就是埃及的母亲"等谚语。尼罗河的确是埃及人民生命的源泉，它为两岸人民积累财富、创造文化提供了必备的条件。

古印度文明来源于恒河。恒河在瓜伦多卡德与布拉马普特拉汇合后，形成了世界最大的三角洲——恒河三角洲，那里繁衍生息着一代又一代的印度人。恒河不仅是印度人生命的源泉，更为古印度文明的诞生提供了必不可少的条件。古印度人修建的泰姬陵是古印度文化中最灿烂的一颗明珠，是古代恒河子孙在建筑艺术方面巧夺天工的杰作，更是世界建筑奇迹之一。

古巴比伦位于美索不达米亚平原，有底格里斯河和幼发拉底河穿过。古巴比伦时期，这里不仅有两河纵横，而且山上有茂密的森林，山清水秀，生态环境良好。古巴比伦人在这里进行平原灌溉，发展农业，并创造了两河文明（古巴比伦文明），修建了空中花园、玛克笃克神像等。

中华民族视黄河为母亲河，因为她用"甘甜的乳汁"滋养哺育了中华民族和伟大的中华文明。但中华文明的发源地又不仅仅限于黄河流域。考古发掘表明，长江、淮河、海河乃至辽河流域以及西南地区江河的侧畔，都有长达百万年以上的人类发展史，这些江河流域同样是中华文化的衍生之地。春秋战国时期大体形成了三晋、齐鲁、燕赵、三秦、荆楚、吴越六大文化区，分别位于黄河、长江、淮河、海河等流域。秦汉以后，上述文化融合为汉文化，先民们继续在大江大河流域开疆拓土，各民族交融，形成中华文明，又经历朝历代的发展，终于形成了今日中国的广袤领土。

纵横在中华大地上的无数江河，滋养哺育着中华民族。中华民族世世代代繁衍生息在大江大河两岸，享有江河恩赐的饮水、水产、舟楫、灌溉等无尽之利，并用勤劳和智慧创造文化，开辟着文明之路。华夏先民依江河而居，除了直接取用江河之水用于生活外，江河中的鱼、虾、蚌、蟹和莲、芡、菱等水生动植物资源更是重要的食物来源。我国各江河流域的渔业历史悠久，许多旧石器时代遗址的发掘表明，在远古时代，靠近江河的先民以鱼类为主要食物，并利用鱼骨制作饰物。即使到了农耕时代，渔业也是许多沿江河而居的人们的重要生产方式。进入农耕时代后，农业文明更是离不开滔滔江河的滋养和哺育。江河密布、水量丰沛的地区，大多是我国粮食的主产区。

奔流不息的河流是水上交通的航道，不少江河都以"黄金水道"著称。黄河、淮河等水系的航运，早在夏、商时代就已存在。如殷墟出土的甲骨文，已有舟船和帆的记载，并留下了商朝大军渡过黄河的记录。据《禹贡》记载，战国时全国各地的贡赋，都可以通过黄河水系运送到中原去。长江，自古以来就是我国南方的水运中心，东西航运的大动脉，也是我国最大的内河运输网，沟通联系起了西南、华中、华东三大区域。西周初期，长江最长的支流——汉江的航运已相当发达；春秋战国时期，长江干支流的水运更得到了充分的开发；南北朝以后，南方的经济得到了突飞猛进的发展，特别是唐宋以后，我国经济中心南移至长江流域，长江中下游河网地带成了富饶之乡，而发达的水运给长江流域经济社会的发展插上了腾飞的翅膀。

江河对人类的贡献，还表现在它填海造地的神奇伟力上，为人类的生存与发展留下宝贵的土地资源。在地质历史时期，华北平原是一片浅海，山东丘陵是海中岛屿。黄河、淮河及从太行山流出的一些小河流都注入这片浅海。它们带来的大量泥沙逐渐沉积而形成陆地。由于黄河的水量和泥沙最多，因而在营造华北平原的过程中，它的贡献也最大。富饶的长江三角洲、珠江三角洲，也分别是长江、珠江使沧海变桑田的杰作。江河还给人们留下了峡谷绝壁、溪流飞瀑、山光水色等自然景观，构成了十分丰富的旅游资源。

江河孕育文化，文化改造河流。我国是河川之国，滔滔江河为华夏民族的繁衍生息提供了生命之水，成为哺育中华民族的摇篮。但其桀骜不驯的性格，又常常造成江河决堤，把人类赖以生存的田地家园变成汪洋泽国。所谓水则载舟，水则覆舟是也。因此，当年司马迁曾感叹道："甚哉，水之为利害也！"一位外国学者曾说过："称中国为河川之国，其意义不仅在于它有众多的河流，而且在于对河川进行了治理而极大地影响了它的历史。"中华民族灿烂悠久的文明史，从一定意义上说就是一部生动光辉的控制河流、除水害兴水利的历史。我国古代的大规模江河治理活动，肇始于上古尧舜时期的鲧和大禹治水。继大禹之后，治理与开发江河一直是中华民族生存与发展的要务之一。除水害、兴水利的杰出历史人物层出不穷，彪炳史册。中华人民共和国成立后，江河的治理与开发进入了历史的新纪元，并取得了举世瞩目的成就。

2.1.2　湖泊文化

星罗棋布的大小湖泊，像一颗颗明珠镶嵌在华夏大地上，它与江河一样，是哺育人类文明的摇篮。中华民族在长期与湖泊打交道的过程中，逐渐认识、开发和利用湖泊，并形成了独具特色和魅力的湖泊文化。

古太湖地区早在六七千年前就有原始人类聚居周围繁衍生息，写就了太湖地区最早的历史。考古发掘表明，在太湖之畔有过相当发达的农业文明，人们很早就使用被称为"几何印纹硬陶"的陶器，还有原始瓷器。商朝末年，泰伯、仲雍从陕西关中西部远奔而来，带来了黄河流域先进的农耕技术，建立了江南最早的古国勾吴，后来其子孙在这里创立吴国，太湖成为"吴中胜地"，孕育了后世灿烂的吴文化。后来，越国亦在江南崛起，吴越争霸，金戈铁马，持续经年，太湖地区既是古战场，又是双方壮大经济实力的根据地。直到越王勾践灭吴，助勾践成就大业的名臣范蠡泛五湖（太湖之别名）而去，留下一段功成身退的佳话。唐宋以来，太湖流域一直是中国著名的鱼米之乡和最为富庶的地区之一。与此同时，浩浩太湖还养育了苏州、无锡等著名都市。如太湖明珠之称的无锡位于太湖的北岸，南挟太湖，北面长江。从商代晚期泰伯建立江南第一国勾吴开始，无锡已有3200多年的历史。这里气候温润，土壤肥沃，自古就是有名的米粮仓，素有布、米、丝、钱四大码头之称。特别是经过隋唐五代时期的开发，至宋代无锡人口已逾十万，商业繁荣，经济发达。

考古发掘表明，早在1万年前，位于云南中部的滇池周围地区就有人类栖息繁衍。西周时，属于氐族语系的叟族，从外地来到滇池一带定居。战国时，楚国大将庄蹻率兵进入滇池地区，并在此"以其众王滇，变服从其俗以长之"。庄蹻带来了先进的文化和生产方式，推动了滇池地区经济社会的发展。汉时，中央政府设益州郡，与滇王共治滇池流域，并在此"造起陂池，开通溉灌，垦田二千余顷"。唐天宝年间，在今昆明东建起拓东城，为昆明建城的开始。五代时，段氏夺取南诏政权，建立大理国。大理国共设八府四郡，其中鄯阐府治设在拓东城，管理滇池地区。在大理政权统治的300年间，鄯阐城的经济社会不断发展，逐渐成为滇中最繁华的城市。元代在这里设置"昆明千户所"，昆明二字始作地名。此后，昆明成为云南省的政治、文化和经济中心，昆明在滇池的滋养下，逐渐成为历史文化名城。元代，意大利著名的旅行家马可·波罗曾在这里漫游多日，并在《马可·波罗游记》中写道："这里有丰富的米、麦、鱼、盐、酒等物产，水陆交通便利""城大而名贵，商工甚众""系一壮丽大城"。明清时期，以昆明为中心的滇池地区更加繁华富庶，沿滇池一带出现了众多的风景名胜之地。

洞庭湖位于荆江南岸，地跨湘、鄂两省。近年来，在君山一带发现一处新石器时代的遗址，出土了陶片和石斧，证明早在五六千年前，我们的祖先就在洞庭湖畔繁衍生息。古城岳阳古名巴丘、巴陵，地处洞庭湖与长江的汇合处，东望匡庐，西临洞庭，北通巫峡，南及潇湘。《岳阳志》谓"四渎长江为长，五湖洞庭为宗，江湖之胜，巴陵兼有之"。岳阳在长江和洞庭湖的共同养育下，从一个巴丘（东汉末筑）小城，逐渐成为"越、巴、蜀、荆、襄之会，全楚之要膂也"，可谓八百里洞庭之滨的一颗璀璨明珠。

我国第一大咸水湖——青海湖地处高山草原之间，这里地域辽阔，草原广袤，河流众多，水草丰美，是我国各民族聚集的地方，除汉族外，还有羌族、吐谷浑族、藏族和蒙古族等。这里自古就是重要的畜牧业基地。另外，这一带还以盛产"秦马"闻名于世。《诗经》中就有关于"秦马"雄健和善驰的描写。隋唐时，"秦马"与"乌孙马""汗血马"皆为良种马，皆以能征善战著称。

其他湖泊与人类文明的起源和发展同样关系密切。如坐落于巢湖之滨的巢县，是历史悠久的古城。早在 3600 年前的夏代，这里是古巢国，相传是桀南奔此建国，《舆地志》称"卧牛山有桀王城"。春秋时属楚国，称居巢。县城东北5km 的亚父山是西楚霸王项羽的谋士范增的故乡，有亚父祠、亚父井等遗迹。云南之西的洱海，是我国白族等少数民族的发祥地。早在公元前 2 世纪，苍洱地区就生活着一些较大的部族。其后，汉代曾在大理设置郡县。唐宋之际，这一带是臣属唐宋王朝的南诏、大理地方政权的中心，留下了众多的文化古迹，特别是洱海养育的历史文化名城——大理，堪称洱海之滨一颗璀璨的明珠。镜泊湖之畔的上京城，为古渤海国的都城。唐玄宗时期，以勿吉后裔粟末靺鞨为主体形成的渤海族在东北广阔的土地上建立了一个"震国"，并把国都设在了美丽的镜泊湖畔。震国的国王后来归附大唐帝国，被册封为渤海国，版图从东北的白山黑水一直延伸到渤海之滨。这个古国一度十分兴盛，200 多年后才被契丹所灭亡。

湖泊对人类的养育和恩惠体现在诸多方面。人类对湖泊的开发利用，使湖泊尽显水产和灌溉、航运、供水以及对洪水的调节等方面的功能，加倍地造福人类。水面宽阔的湖泊不仅是天然的盛水巨盆，同时也是物产丰富的宝库。一泓湖水，孕育了万般宝物，形成了良好的自然生物链，为人类生产生活提供了丰富的水产资源。湖泊不但沟通了沿湖地区之间的联系，也是沟通环湖地区与外界联系的水运通道。如我国东部地区，尤其是江淮中下游地区，湖荡密布，港汊交织，水上交通十分便利。洞庭湖、鄱阳湖、太湖、巢湖、洪泽湖等，无不与附近的江河相通，又与湖区各支流河道紧密相连。这些湖泊自然就成为与周围地区进行经济文化交流的水上交通通道。

我国古代对湖泊治理与开发主要体现在以下方面：

（1）筑堤防洪，发展灌溉。陂塘一般是在原来自然湖泽的基础上经过人工围筑而成的蓄水工程，其作用主要是蓄水灌溉，兼有防洪除涝以及养殖等方面的作用。如鄱阳湖，早在东汉时期，当地人民就开始在鄱阳湖周围筑堤防洪，并引湖水灌溉农田。20 世纪 50 年代以来，鄱阳湖区兴修和整修了圩堤，同时修建了一大批蓄水工程，并形成了一个以大中小、蓄引提相结合的灌溉工程体系，使鄱阳湖更好地造福于人类。天然湖泊经过开发，其灌溉效益显著。因水资源丰富，自然条件优越，加上唐宋以后垸田水利发达，处于长江中下游和淮河下游地区的洞庭湖、鄱阳湖、太湖、洪泽湖、巢湖等湖区大多成为我国著名的"粮仓"和"鱼米之乡"，对我国经济社会的发展起到了重要作用。

（2）通航运道，济运"水柜"。运河通航，湖泊既是通道，更是济运的"水柜"。如淮安至扬州一段的运河（即邗沟），有湖漕之称。这一地段地势低洼，形成众多的湖泊，宋以前的多段运道是从各湖中穿行的。湖泊除了作为天然的运道之外，还发挥着蓄水济运的功能。比如江苏丹阳的练湖，就是江南运河的著名天然供水"水柜"。

（3）城市供水，美化环境。城市兴起之后，湖泊对于城市的生存与发展起着不可忽视的作用。尽管许多位于城内或城市附近的湖泊一般面积和水量不大，但其价值却不可低估。经过精心建设与经营，它们不但是城市供水、灌溉、航运的水源地，而且以秀丽的风景美化扮靓了城市。著名的如杭州西湖、武汉东湖、南京玄武湖、济南大明湖、北京昆明湖等。

2.2 水工程

水工程通常称为水利工程，旨在除水害，兴水利。历史上任何一项水工程都是政治、经济和社会发展的产物，也体现了工程组织者和参与者的知识、观念、思想、智慧，一些著名水工程因此而成为水文化的重要载体。历史上有代

表性的水工程有防洪工程、引水工程、灌溉工程、航运工程和综合工程等。

2.2.1　防洪工程

2.2.1.1　黄河大堤

习惯上把黄河下游建在"悬河"两岸的堤防称为黄河大堤。黄河大堤历史悠久，远在春秋时期就有堤防，到了战国时期已具有相当规模。黄河大堤北岸自孟县以下，南岸自郑州铁桥以下，全长约 1370km，犹如"水上长城"，约束住滚滚东流的河水。黄河大堤是黄河下游防洪工程体系的重要组成部分，是物质水文化的典型代表。

春秋诸侯国各霸一方、各自为政，出于各自国家需要修建堤防。公元前 651 年，齐桓公"会诸侯于葵丘"，提出了"无曲防"禁令，即禁止修建损人利己、以邻为壑的堤防。到战国时期，黄河下游的南北大堤陆续建成。秦朝时期实行"决通川防，夷去险阻"，开始统一治理黄河下游各段堤防，初步形成了较为完整的堤防体系。北宋五代时期已经有了双重堤防，并按险要与否分为"向著""退背"两类，每类又分三等。从明代隆庆到清代乾隆前期的 200 多年，是黄河下游堤防建设的一个高潮时期。这一时期，传统的河工理论日益完备，施工、管理和防守技术都达到了相当高的水平。中华人民共和国成立后，黄河大堤经过不断改造、加高加固，还新修缮加固了南北全堤、展宽区围堤、东平湖围堤、沁河堤和河口地区防洪堤等；加上干支流防洪水库的配合，大大提高了防洪的能力。

黄河大堤是中华民族与黄河泛滥抗争数千年的工程成果，与众多著名历史人物、历史事件紧密相连，显示出中华民族自强不息的精神。据史书记载，汉武帝曾亲临黄河瓠子指挥堵口抢险，君臣同心，官民合力，终于制服洪水，并创作了著名的《瓠子歌》二首。潘季驯、靳辅、林则徐、李仪祉……古今众多治水名人的业绩都与治黄事业紧密相连，载入史册。中华人民共和国成立后，经过精心治理，黄河大堤成为稳固的千里堤防，尽管黄河多次发生超大流量、超长时限的洪峰，但千里堤防巍然屹立，没有发生决口泛滥，黄河大堤成为我国治黄新成就的见证。

黄河大堤不仅是防御洪水的工程建筑物，同时也是一条文化长廊，内容极其丰富。大堤两边分布着众多历史文化遗迹，如御坝碑、林公堤、仓颉墓、铜瓦厢决口改道处、花园口扒堵口处、刘邓大军渡河处、小顶山毛泽东视察黄河纪念地、将军坝、镇河铁犀等众多人文景观，还有著名的嘉应观等古代水利官署建筑。

现在的黄河大堤不仅保证了黄河的安澜祥和，为沿岸人民的生命财产提供了安全保障，而且成为绿树浓荫的生态长廊，成为人民群众休闲、旅游的好去处。目前，黄河大堤内已建成多个国家水利风景区。这些景区以特有的人文景观和黄河文化，向人们展示了多年来的治黄成就。如今，饱经沧桑的黄河大堤，在守护黄河这条巨龙的同时，焕发着青春的光彩，她是一道绿色的生态屏障，是一条有深厚文化底蕴的巍巍长城，更是一座具有丰富历史人文价值的教育基地。

2.2.1.2 荆江大堤

正如长江流经四川盆地段称川江，流经三峡段称峡江一样，流经古荆州段的长江被称作荆江。长江携怒涛从两岸连山的三峡咆哮而下，在湖北省宜昌市附近穿过夹江对峙的荆门山，进入平坦的江汉平原之后，才放缓脚步。李白在《渡荆门送别》中写道："渡远荆门外，来从楚国游。山随平野尽，江入大荒流。"荆门山外，长江进入了我国地形的第二阶梯，没了两山的夹峙，江水开始肆意流淌。

荆江自湖北省枝江市至湖南省岳阳县城陵矶，全长约300km，以湖北省公安县藕池镇为界，以上称上荆江，以下称下荆江。荆江北邻汉江，南接洞庭湖，是古云梦大泽（湖北省江汉平原上古湖泊群的总称）。在漫长的地质构造运动中，荆江北部的江汉坳陷和南部的洞庭断陷不断抬升，中部的云梦沉降区持续下沉，河流堆积的泥沙在云梦沉降区形成三角洲，荆江就是从堆积三角洲上的诸多汊流中逐渐发育出来的。

荆江河道蜿蜒曲折，下荆江尤为典型。绵延240km的下荆江河道，直线长度仅有80km，江流在这里绕了16个大弯，素有"九曲回肠"之称。每逢汛期，弯曲的河道导致洪水宣泄不畅，加之上游洪水又常与清江、沮漳河及洞庭湖相遇，极易溃堤成灾。因此民谚有云："长江万里长，险段在荆江。"荆江从古至今都是长江洪涝最频发的河段。

荆江地区虽然水患频繁，但这里土壤肥沃，资源丰富，自古就是人口密集的经济发达地区，华夏民族的一脉——楚人就曾在此繁衍生息，这里也成了楚文化的发祥地。魏晋时期，中原骚动，大量北方人口移居于此，尤其是西晋时期，约 90 万北方移民涌入长江流域，导致荆州地区人满为患。到了唐代，荆州地区的经济持续发展，成为对外交通运输的枢纽，人口更为繁盛。荆江两岸地势低洼，湖沼遍布，筑堤治水是这片土地发展的重要保障。因此修堤筑坝成了荆州地方官的一大政务，历朝历代都有在荆江北岸修筑维护大堤的水利工程。

荆江大堤所保护的地区，自古就是一块河网交汊、湖泊众多的冲积平原。在荆江尚未形成明显河床形态时，楚国就用零星分散的堤垸挡水。根据史料记载，春秋时期楚庄王推行"耕战政策"，令尹（楚国的最高官衔）孙叔敖曾提倡"宣导川谷，陂障源泉，灌溉沃泽，堤防湖浦以为池沼"。堤防湖浦就是指沿湖修筑挡水堤垸，这可能算是荆江大堤的雏形。秦汉时期，长江所挟带的泥沙在云梦泽长期沉积，逐渐淤积出洲滩，形成以江陵为起点的荆江三角洲。荆江河床形成后，由于水流归槽，水位抬高，低矮堤垸已不能抵御洪水。到魏晋时期，长江的江水紧逼江陵城南（今荆州古城），直接威胁江陵城的安全。东晋荆州刺史桓温命陈遵在荆江北岸，绕江陵城修筑护城堤坝，取名金堤。据《水经注》记载："江陵地东南倾，故缘以金堤，自灵溪始。桓温令陈遵监造。"这是关于荆江大堤修筑的最早记载。

五代时，后梁将军倪可福在东晋金堤的下游，荆州古城的西门外又修筑了江陵寸金堤。北宋时，荆州太守修筑沙市堤；南宋时，筑黄潭堤，并加筑寸金堤，经过两宋的扩建和修护，荆江大堤已初具雏形。明朝时，大堤上段修筑至堆金台，下段至拖茅埠。清顺治七年（1650 年），堤防最终形成整体，长约124km。中华人民共和国成立后，荆江大堤的上段增筑至枣林岗，下段延至监利县城南 50km，自此，全长 182.35km 的荆江大堤修建完成。

荆江大堤在未连成整体前，各段堤防的叫法均不一致。清代因"陈遵金堤"地属万城，故称万城堤，又因大堤属荆州府管理，称荆州万城堤。民国初年，以堤身全在江陵且费用全由江陵负担，称江陵万城大堤。1918 年，因堤居荆江北岸，改称荆江大堤，沿用至今。

人们将荆江大堤的修筑史简单概括为：始于东晋，拓于两宋，分段筑于明，合于清，加固于新中国。这就是荆江大堤形成的年轮，它是一部水利工程史，也是一部人与水的抗争史。从东晋到民国的一千多年里，按荆江大堤留存堤身的断面计算，整个工程共完成土方 2900 万 m³，石方 23 万 m³，这些土和石头全部是由人工搬运垒筑完成。荆江大堤的修筑时间之长，耗费的人力、物力、财力之多，在我国水利史上也是少有的。它的每一寸延伸，每一寸增高，都是江汉平原的百姓与洪水不屈抗争的记载。

1952年6月，毛泽东主席亲自批准的荆江分洪工程主体工程完工。荆江大堤得到全面加固，面貌焕然一新。1954年，荆江大堤迎来了一场百年罕见的特大洪水，洪水经鄂入海，总量相当于1931年和1949年两次洪水的总和。经党中央批准，在7月下旬至8月下旬的一个月内3次启用荆江分洪工程，分泄了巨量洪水，但沙市水位仍达到了创纪录的44.67m。直到8月22日，洪水才明显退去，荆江大堤渡过了生死大劫。有专家称，由于荆江分洪区的运用，避免了荆江大堤崩塌，从而大大削减了损失。此后，屡遭洪魔蹂躏的荆江大堤更加受到党和政府的重视。

1954年以后，国家开始对荆江大堤进行长达半个世纪的全面培修加固。从1975年起，荆江大堤加固工程正式纳入国家基建计划。就在加固工程进行到第二期时，荆江大堤又遭遇了1998年的特大洪水。超高水位纪录一破再破，荆州境内长江干支流超警戒水位持续了57天，比1954年多了21天。党中央提出"三个确保"的要求，第一个就是"确保长江大堤安全"，分洪似乎是箭在弦上。然而，当时的分洪区已变成人口密集、经济丰裕的地方。如果分洪，将有33.5万人需要转移，还将面临巨大的经济损失和灾后重建的各种困难。经过综合分析，党中央领导作出初步判断：荆江大堤经过几十年建设，已经具备了较强的抗洪能力，其他相关流域协同分担荆江洪水压力的工作已经产生效果，不分洪的可能性很大。后来，根据沙市超高水位的持续时间和超额洪量、预见期内的降雨等情报，结合三峡雨带转移、重庆以下大型水库进行最大限度的拦蓄，特别是荆江大堤没有发生重大险情等情况，党中央最终决定严防死守，不运用荆江分洪区。不分洪，就意味着荆江大堤将以一己之力独战"洪魔"。当时，荆州有近50万防汛大军日夜守护、奋战在大堤上，共抢筑子堤787.4km，运送土石方83万m³，最终夺取了抗洪斗争的胜利。事实证明，在45.22m的历史最高水位面前，尽管险情迭出，但荆江大堤始终巍然挺立，避免了分洪造成的巨大损失，立下了旷世奇功。

2014年年底，总投资18亿元的荆江大堤综合整治工程开工。目前主体工程已完工。诸多新技术、新材料、新工艺的运用，大幅度提高了荆江大堤的科技含量。特别是垂直防渗墙新技术，可以截断地下水流，有效防范 1998 年多次出现的管涌及管涌群险情。位于大堤监利姚圻垴段的防渗墙最大深度 85m，有 20 多层楼高，厚度 60cm，创下了同类堤基工程的国内之最。综合整治后的荆江大堤，已成为抗御荆江洪水的一道钢铁长城。

今天的荆江大堤，诸多胜迹与景观沿线分布，如经过修葺的唐代观音矶、明代万寿宝塔、清代镇江铁牛以及中华人民共和国成立后兴建的分洪工程、分洪纪念亭等，俨然一座天然的荆江抗洪博物馆。优美的北闸风景区、宝塔公园、临江仙公园，以及正在规划中的沙市洋码头旅游片区等，必将成为沿线居民生活的后花园。

经过多年的建设和经营，荆江大堤两岸的防护林、休闲农庄等生态产业发展迅速。放眼大堤，大桥飞架，舟船行进，人们或游憩于花海，或采摘于果园，或驻足于亭台，好一幅人水相亲、人水共生、人水和谐的生动画面！如今，荆江大堤已不仅仅是一座保荆江安全的"命堤"，更成了一道荆江人民的"幸福堤"，一道真正的历史之堤、生态之堤、民生之堤。

2.2.2 引水工程

2.2.2.1 坎儿井

坎儿井，是"井穴"的意思，新疆维吾尔语称之为"坎儿孜"。它是干旱、半干旱地区人民创造的一种独特的水利工程形式，在我国主要分布在新疆吐鲁番和哈密盆地。《史记》中就有记载，时称"井渠"。坎儿井与万里长城、京杭大运河并称为中国古代三大工程。

坎儿井之所以在吐鲁番和哈密盆地大量兴建，是和当地的自然地理条件分不开的。该地区酷热少雨，但盆地北有博格达山，西有喀拉乌成山，山上终年积雪。冰雪消融，积水成流，流向盆地。春夏时节，大量融雪和山前雨水渗入戈壁，汇成潜流，为坎儿井提供了丰富的地下水水源。盆地北部的博格达峰高达 5445m，而盆地中心的艾丁湖，海拔低于海平面 154m。从天山脚下到艾丁湖畔，水平距离仅 60km，高差竟超 1400m，地面坡度平均约为 1/40，地下水的坡降与地面坡变相差不大，这就为开挖坎儿井提供了有利的地形条件。吐鲁番土质为砂砾和黏土胶结，质地坚实，井壁及暗渠不易坍塌，这为大量开挖坎儿井提供了良好的地质条件。于是，人们因势利导，利用山的坡度，巧妙地创造了坎儿井，引地下潜流灌溉农田、建设绿洲。

关于坎儿井的起源，主要有两种说法：第一种是汉代关中井渠说，这种观点认为汉代时人们发明的"井渠法"传入新疆，发展成为现在的坎儿井；第二种观点认为坎儿井是 2500 年前由西亚波斯人首创，而后传入新疆的。

坎儿井的建造方法是：在高山峡谷地带的雪水潜流处寻找到水源，然后每隔 20～30m 打一眼竖井，井深十米至几十米不等，将地下水汇聚，以增大水势，再依地势高下，在井底凿通暗渠，沟通各井，引流直下，一直连接到遥远的绿洲，才将水由明渠引出地面，加以灌溉。竖井是开挖或清理坎儿井暗渠时运送地下泥沙或淤泥的通道，也是送气通风口。井深因地势和地下水水位高低不同而有深有浅，一般是越靠近源头竖井就越深。竖井与竖井之间的距离随坎儿井的长度而有所不同，一般每隔 20～70m 就有一口竖井。井口一般呈长方形或圆形，长 1m，宽 0.7m。

除了竖井之外，坎儿井的主要结构还有地下渠道、地面渠道和"涝坝"（小型蓄水池）。暗渠，又称地下渠道，是坎儿井的主体。暗渠的作用是把地下含水层中的水汇聚到它的身上来，一般是按一定的坡度由低往高处挖，这样，水就可以自动地流出地表。暗渠一般高 1.7m，宽 1.2m，短的 100～200m，最长的长达 25km。根据作用的不同，暗渠又可分为集水段和输水段。集水段的作用就是截取和汇集地下水，是坎儿井的源头；输水段是暗渠输水通道，把集水段汇集的地下水引出地面。明渠是把从暗渠出来的地下水引入储水涝坝。涝坝则是一个调节水量的蓄水池，其作用就是调配坎儿井水，使坎儿井水得到充分利用。一条坎儿井，一般长约 3km，最长者往往是几条坎儿井相连，达几十甚至上百千米，其间竖井少则几十口，多则三百余口。上游的竖井较深，有的超过 100m，下游的较浅，一般只有几米。目前，坎儿井施工基本上仍保留传统工艺，主体工程包括暗渠的放线、开挖、延伸和竖井间的疏通等工程。

坎儿井是开发利用地下水的一种很古老式的水平集水建筑物，适用于山麓、冲积扇缘地带，主要是用于截取地下潜水来进行农田灌溉和居民用水。坎儿井在地下暗渠输水，不受季节、风沙影响，蒸发量小，流量稳定，可以常年自流灌溉，这项工程实属适应干燥气候特点的一种伟大创举。尤其让人称道的是，当地人全凭双手和简单的工具，凿打深井，掏挖地下渠，其工程之浩大，构造之巧妙，让人叹为观止。

根据 1962 年统计资料，我国新疆共有坎儿井 1700 多条，灌溉面积 50 多万亩。其中吐鲁番盆地共有坎儿井 1100 多条，灌溉面积 47 万亩，占当时该盆地总耕地面积 70 万亩的 67％，对发展当地农业生产和满足居民生活需要等都具有很重要的意义。正是因为有了这独特的地下水利工程，把地下水引向地面，灌溉盆地数十万亩良田，才孕育了吐鲁番各族人民，使沙漠变成了绿洲。

坎儿井具有历史纪念意义。林则徐在贬谪新疆期间，非常重视坎儿井的价值，大力推进坎儿井的开掘和改进，对新疆水利事业产生了巨大影响，给人民群众带来福祉，新疆人民群众感念林则徐，称坎儿井为"林公井"。

坎儿井因其独特的施工工艺及深厚的历史文化享誉世界，2006 年，"坎儿井地下水利工程"被列入第六批全国重点文物保护单位。

2.2.2.2　红旗渠

红旗渠位于河南省林州市，是 20 世纪 60 年代林县（今林州市）人民在极其艰难的条件下，从太行山腰修建的引漳入林工程，被誉为"人工天河"。

林州处于河南、山西、河北三省交界处，历史上严重干旱缺水。据史料记载，从明正统元年（1436 年）到中华人民共和国成立的 1949 年，林县发生自然灾害 100 多次，大旱绝收 30 多次。为了解决当地旱灾，元代潞安巡抚李汉卿筹划修建了天平渠，明代林县知县谢思聪组织修建了谢公渠，但是这些工程也只解决了部分村庄的用水问题，不能从根本上改变林县缺水的状况。1949 年林县全境解放，随后县政府组织修建了许多水利工程，1957 年起，先后建成英雄渠、淇河渠、南谷洞水库和弓上水库等水利工程，在一定程度上缓解了用水困难的问题，但由于水源有限，仍不能解决大面积灌溉问题。1960 年 2 月，林县人民开始修建红旗渠，经过 10 年艰苦奋战，到 1969 年 7 月完成干渠、支渠和斗渠配套建设，以红旗渠为主体的灌溉体系基本形成。红旗渠灌区渠道（包括总干渠、干渠、支渠、斗渠）总长超过 1500km。加上农渠，总长度超过 4000km，南北纵横，贯穿于林州腹地。沿渠共建有"长藤结瓜"式水库 48 座，利用居高临下的自然落差，兴建小型水力发电站 45 座，已成为"引、蓄、提、灌、排、电、景"相结合的大型灌区。

红旗渠总干渠开凿在峰峦叠嶂的太行山腰，工程艰险。1960 年动工之际，正是全国严重经济困难时期。修渠的干部民工生活艰苦，施工条件简陋。他们在艰难困苦的条件下，奋战于太行山悬崖绝壁之上、险滩峡谷之中，靠自力更生、艰苦创业的愚公精神，坚持苦干 10 个春秋，削平了 1250 个山头，架设了 150 多座渡槽，凿通了 200 多个隧洞。

红旗渠的建成，彻底改善了林县人民靠天等雨的恶劣生存环境，解决了 56.7 万人和 37 万头家畜的吃水问题，54 万亩耕地得到灌溉，粮食亩产由红旗渠未修建时的 100kg 增加到 1991 年的 476.3kg。红旗渠被林州人民称为"生命渠""幸福渠"。

红旗渠工程结束了林县人民十年九旱、水贵如油的苦难历史，孕育了"自力更生，艰苦创业，团结协作，无私奉献"的红旗渠精神，与南京长江大桥同为我国社会主义建设成就的杰出代表。国际友人誉之为"世界第八大奇迹"。2006 年，红旗渠被列入第六批全国重点文物保护单位。

2.2.3　灌溉工程

2.2.3.1　芍陂

寿县芍陂（安丰塘）位于安徽省中部、淮河中游南岸，始建于春秋楚庄王时期（公元前 601—前 593），由当时楚国令尹孙叔敖创建，距今已有约 2600 年历史，是我国现存最古老的大型陂塘蓄水式的水利灌溉工程，享有"天下第一塘"的美誉。芍陂的兴建，推动了淮河中游农业发展，使该地区成为我国重要的产粮区，历史上芍陂灌溉面积最多时曾达"万顷"。现在，芍陂被纳入淠史杭灌区，灌溉寿县 67 万余亩农田，为全国重点文物保护单位，是可持续灌溉工程的典范。2015 年，芍陂被列入世界灌溉工程遗产名录。

作为一项陂塘蓄水灌溉工程，芍陂充分利用了地形地势和当地水源条件，选址科学、设计巧妙、布局合理，完美体现了尊重自然、顺应自然、融入自然的建造理念。芍陂所在的淮南地区位于大别山北麓余脉，东南西三面地势较高、北面地势低洼。由于地处南北气候过渡带，且降水量分布不均匀，芍陂未修筑之前，这里夏秋雨季极易因暴雨引发洪涝灾害，雨季过后又经常发生大面积旱灾。孙叔敖顺应自然法则，因势利导，将东面积石山、东南面龙池山以及西南面龙穴山的山溪水汇集起来，选定淠河之东、瓦埠湖之西、贤古墩之北、古安丰县城南一大片地带，利用地势落差围埝筑塘，蓄水积而为湖用于农业灌溉，达到了变水患为水利的效果。为保障充足的灌溉水源，他还在陂塘西南开凿子午渠，引淠水入塘。因芍陂的地理位置南高北低，陂塘的西、北、东三面还分别开凿 5 个闸门，以控制水量作灌溉、泄洪之用，"水涨则开门以疏水，水消则闭门以蓄之"。由此，芍陂"轮广一百余里，灌田数万余顷"，开始了 2600 多年的灌溉历史。

芍陂建成初期周长约 150km，占地面积约 960km²，蓄水量达 1.7m³，约在现今寿县淠河与瓦埠湖之间。南端设五门亭作为进水口，北面分别并列设置芍陂渎和香门陂两座口门，作为灌溉输水口。由于该片区域东北、西北地势最低，便在东北设井字门，西北设羊溪门。五门亭、芍陂渎、香门陂、井字门、羊溪门等 5 座口门配套作为控制性水闸，兼有灌溉和泄洪功能。

从春秋时期建成至今，芍陂及灌区的发展历尽沧桑，屡经兴废。据史料记载，东汉年间，因年久失修，陂废，东汉章帝建初年间，庐江太守王景主持修陂。三国时期，汉献帝建安五年（200 年），刘馥开始扩大屯田，兴修治理芍陂。建安十四年（209 年），曹操亲临合肥，亦"开芍陂屯田"。魏曹芳正始年间（241 年），邓艾兴陂修渠，凿大香水门，开渠引水，直达寿春城壕，既用于屯田耕作之灌溉，也有利于漕运畅通。西晋武帝时期（280—289 年），刘颂任淮南相国时，"修芍陂，年用数万人"，说明芍陂已建立了岁修制度，芍陂又兴。后西晋灭亡，连年征战，兵戈不断，芍陂又废。南朝宋文帝元嘉年间（430 年），刘义欣为豫州刺史，伐木开榛，修治陂塘堤坝，开沟引水入陂，对芍陂作了一次比较彻底的整治，灌溉面积恢复万顷。梁陈年间南北纷争，芍陂又废。隋开皇年间（581—600 年），赵轨任寿州总管长史指挥治陂，对芍陂再次修治，将原有的 5 个水门改为 36 个，灌溉面积达到 5000 顷（1 顷＝0.067km²）。北宋年间，整修斗门，筑堤防患，曾获得灌田数万顷的效益。然而，上游水源的变动、萎缩和泥沙淤积，安丰塘一半被圈占为田，灌排系统荒废。同时受黄河泛滥夺淮的影响，水库作用逐渐缩小，芍陂缩小到占地约 480km²，灌溉面积也仅有约 330km²。明朝初年，因黄河决口改道影响，芍陂面积进一步缩小，至明隆庆年间（1567—1572 年），芍陂占地面积缩小为 157km²，灌溉面积约 120km²。清康熙三十七年（1698 年），颜伯珣主持重修工程，改 36 门为 28 门，并制订"先远后近，日车夜放"等灌溉用水制度，塘规民约日趋完善。乾隆年间（1736—1795 年），在今天的众兴集南 0.5km 处塘河左岸兴建一座滚水坝，水大时可溢流，水少时可拦截入塘。由于清末失修，至 20 世纪 20 年代，芍陂的灌溉面积仅余 0.5 万 hm²。抗战前，经过疏浚培修，灌溉面积增至 1.4 万 hm²。此后又因战争失修，灌溉面积又萎缩至 0.5 万 hm²。

中华人民共和国成立后，各级人民政府高度重视安丰塘这份历史遗留下来的水利工程的修建。1950 年，灌区成立了安丰塘水利委员会。1954 年大水后培堤修闸，将环塘斗门 28 座合并为 24 座，加固众兴滚水坝，并对通往安丰塘的淠水进行了疏通。1958 年，安丰塘纳入淠史杭工程总体规划，开挖干渠和大型支渠 39 条，斗、农、毛渠达 7000 多条，相应建成大小建筑物 1 万多座；与此同时，还沟通了淠河总干渠，引来了大别山区佛子岭、磨子潭、响洪甸三大水库之水，使安丰塘成为淠史杭灌区一座中型反调节水库。1976 年，寿县县政府修筑加固周长 25km 的安丰塘大堤护坡及防浪墙，完成砌体工程 6.6 万 m³，使安丰塘蓄水量由 5000 万 m³ 增至 1 亿 m³，灌溉面积达到 420m²。1988 年，对安丰塘进行除险加固。2007 年，寿县人民政府对安丰塘涵闸护坡、防浪墙、堤顶道路等进行全面维修加固，2014—2015 年，寿县又对塘西、北两坡进行加固绿化，对塘周涵闸进行仿古改造建设，建成安丰塘景观小区，实施了安丰塘杨西分干渠除险加固及节水改造。其建设工程包括分干渠现浇混凝土 16.54km 护坡综合整治、6 座支渠及分支渠进水闸和 18 座放水涵闸拆除重建、14km 堤顶混凝土道路新建和配套管理设施等，使安丰塘的工程、生态、经济、社会效益更加显著。

目前，芍陂蓄水陂塘面积 34km²，周长 24.6km，环塘水门 22 座，有分水闸、节制闸、退水闸等渠系配套工程数百座，渠系总长度 678.3km，灌溉面积 4.5 万 hm²。

近些年来，寿县大力发展古塘旅游事业，围绕芍陂新开辟的环塘绿堤、碑亭、芍陂亭、长寿岛等景点已向游客开放，芍陂除了延续它古老的功用外，正在成为一张文化名片，向世人展示。

无论是在人文领域还是科学领域，芍陂都充分显示了我国古代建设者们超凡的智慧，芍陂以其水域及灌溉规模浩大、成塘年代久远，古时便被称为"天下第一塘"。20 世纪 70 年代，联合国大坝委员会名誉主席托兰以及美国、德国、罗马尼亚等一些国内外专家学者到此参观。他们对安丰塘（芍陂）水利工程历史之悠久，设计、建造之科学，而且至今仍发挥巨大的效用推崇备至，评价极高。著名古建筑史学家罗哲文考察时曾赋诗："楚相千秋业，芍陂富万家。丰功同大禹，伟业冠中华。"

2.2.3.2　东风堰

东风堰位于四川省夹江县，自 1662 年建成以来，持续使用 350 余年，为夹江县的社会经济发展和人民生活做出了重大贡献。因建设历史悠久、渠系配套完善、综合效益显著，2014 年，东风堰入选首批世界灌溉工程遗产名录。

夹江位于成都西南，乐山与峨眉山北部，在地理上属青藏高原与四川盆地过渡段，在水文上属青衣江中游峡谷向下游平坝的过渡段。青衣江在此穿越最后一段峡谷——千佛岩峡谷后，河道展宽，流速减缓，为夹江人民提供了肥沃的土地和丰沛的水源，加上良好的气候条件和恰当的水头落差，使夹江拥有着得天独厚的自流引水、发展灌溉农业的条件。夹江距成都不远，交通便利，自然条件、社会经济和民风民俗类似。自古以来，这里的百姓就仿造都江堰，在青衣江畔以竹笼装石堰水，开凿了众多的取水口，建成了纵横交错的大小渠系，使夹江与成都一样，成为"水旱从人，不知饥馑"的天府之国。不过，夹江地区大多数古代堰坝均为百姓自己开凿、自己管理，不仅在总体格局上缺乏统一规划，而且在管理和运行上略显粗放。用水季节一哄而上，洪水季节各自为战，甚至以邻为壑；水事纠纷层出不穷，百姓间械斗不断，诉讼官司从远古打到现代，从县城、州城、府城，一直打到省城，几成公害，让各级地方官头疼不已。

明代正统年间（1436—1449 年），夹江县令陆纶依青衣江左岸岔河，率领民众利用自然滩头次第以竹笼贮石，无坝引水，"新开二堰水利"，在夹江历史上第一次将自古以来百姓自发开凿的众多堰渠归纳为两个大的渠系，变分散管理为统一管理。陆纶开凿的这两个堰渠，就是后来东风堰的两大组成部分——三大堰和八小堰。据嘉庆版的《夹江县志》的记载："夹邑有三大堰、八小堰之名，同出青衣江水分灌溉焉。市街堰，县南一里，分流灌在古乡；永通堰，县南三里，分流灌永丰乡；龙兴堰，南十里，分流灌汉川乡。八小堰，同一沟也，每一里许筑土为闸，涌水上田，绕东城而下，灌兴平、新仙等乡。"

明末清初，四川遭受惨烈战乱，夹江县城的灌溉渠系破坏严重。清康熙元年（1662 年），陕西三原人王仕魁出任清政府任命的首位夹江县令，他对残破的县城进行了调查研究，把全县振兴的希望放在了农田灌溉，尤其是引水灌溉上。他认为，三大堰、八小堰虽然基本概括了全县的灌溉体系，相互之间仍有纷争，如果能将它们总归一处，情况就更为有利。因此在重修被战争破坏的三大堰时，专门请乡绅江滨玉、江逢源（在《夹江县志》中记载为江逢源，在千佛岩水利题刻"泽润生民"上为向逢源）等人率领民众，用竹笼装卵石的办法，在青衣江汉流进水口修筑了一座超过 300m 的导水堤堰，江水壅入汉流后形成一道总堰，然后由其分水到三大堰、八小堰两个总干渠；这道东南总堰，因工程位置临近毗卢寺（今夹江县机砖厂附近），所以取名为毗卢堰。毗卢堰就是东风堰的雏型，1662 年也因此被确定为东风堰的正式开凿时间。

毗卢堰开凿不久，因朝廷政策鼓励，大量湖广移民迁往四川，形成了"湖广填四川"的热潮。夹江人口的逐年增长，毗卢堰引水也渐渐满足不了灌溉需要，三大堰与八小堰，以及三大堰内部争水官司不断，械斗事件时有发生。康熙四年（1665 年），在县令刘际亨的带领下，位于三大堰最下游的龙兴堰部分田户在五圣祠另开大沟，筑成刘公堰，率先退出毗卢堰灌溉系统。乾隆初年，灌区田亩继续增加，三大堰的供水更加不足。经过报官准许，龙兴堰和永通堰田户获准在水势旺盛的金银河（姜滩）另辟水源，开渠灌溉。从此，龙兴堰和永通堰完全脱离毗卢堰体系，三大堰渠系仅剩下市街堰，它们与八小堰构成了毗卢堰灌区的主体。随着田亩增加和青衣江水下切，毗卢堰的引水再次不敷使用。市街堰、八小堰因为争水告状到嘉定府。嘉定知府雷钟德会同夹江县令申辖到现场查勘后，决定在毗卢堰的中心用块石砌一长条形堤埂，将堰平剖为二，以平分水量。市街堰将堰头置于毗卢寺外截江水；八小堰则将引水堰头上延至 1km 以上的车台子龙脑沱，自此才停止了两堰争水纠纷。从此八小堰更名为龙头堰，市街堰更名为永丰堰。民国初年，因永丰堰水源枯竭，且龙头、永丰二堰田户多有交叉，经过协商，永丰堰并入龙头堰，那条分水堤埂从此废弃，并于 1954 年拆除。龙头堰也取代毗卢堰，成为夹江总干渠的唯一称谓。龙头堰、永丰堰剖沟分水，仅解决了分水不均，没有解决水量不足的问题。因青衣江不断下切，滩头河床水位下降，尽管龙头堰照常维修，但所起作用并不明显。在 1900—1930 年间，永丰堰和龙头堰灌区时常处于引水不足的状态。农民们往往到青衣江春季涨水后，才能泡田栽插水稻。因栽插季节推迟，每当水稻含苞抽穗便正好碰上三化螟盛期（那时还无农药可治）。旱灾加上虫灾，灌区农田白穗比比皆是。农村里流传着这样的民谣："栽秧栽到端午节，秋来白壳泪水滴；田主登门来逼租，谷子收完肚空歇。"20 世纪 30 年代初，龙头堰的进水口上移 4km 到石骨坡，共新开渠道超过 3000m，在千佛街外围河堤筑堤 650m，引水入龙头堰，另在堰中每隔里许筑石闸一道，拦水上田。

1967 年，夹江县龙头堰更改为夹江县东风堰。1975 年，同样因水源短缺，东风堰将取水口由石骨坡上移 5.5km 到迎江群星村五里渡。2008 年，五里渡千佛电站建成后，其渠首取水口进入电站库区，灌区供水保证率显著提高。2001 年，夹江县东风堰更改为现名乐山市东风堰。2015 年 10 月—2016 年 3 月，东风堰灌溉区续建配套与节水改造项目水下工程完成，项目对总干渠、东干渠、西干渠的 5.75km 渠道进行淘淤、防渗整治，解决渠道输水问题。

如今的东风堰主要由干渠、支渠、斗渠、农渠、毛渠及建筑物（水闸、渡槽等）构成，渠级配套比较完善，分布合理。主要渠道有：总引水渠（长 12km），东干渠（长 4.8km），西干渠（长 13km）。分干渠四条，分别是：顺山分干渠（长 10.95km），云甘分干渠（长 3.37km），河东分干渠（长 5.5km），河西分干渠（长 4.4km）。渠系配套工程有隧洞 1 处，渡槽 11 处，水闸 21 处。灌溉夹江县境漹城、黄土、甘霖和甘江 4 个镇、48 个村 7.67 万亩农田。

以水为师，道法自然，是都江堰的设计理念，也是东风堰的设计理念。与成都类似，夹江也是河流冲积平原，水土条件优越，主要河流青衣江在流经时有明显的落差，而且夹江县城就在青衣江边，较之离岷江有近 50km 的成都，夹江在引水和排水条件更为优越。因此东风堰在许多方面借鉴了都江堰的理念。如果说都江堰是以水为师，那么东风堰则是以都江堰为师。如它在取水口用竹笼装石堰水、无坝引水，以及在渠道上采取"开缺洴水"的排水方式，几乎达到了与都江堰形似而且神似的地步。因此东风堰与都江堰一样，没有阻碍青衣江的有效行洪，没有破坏青衣江的生态环境，这些都使它能够运行 350 多年而没有中断。

东风堰流经千佛岩石窟造像群时依山而建，穿山凿石，淙淙流水从佛像龛下隐身而过，包容共存，蜿蜒多姿，融为动静相宜的和谐整体；仡立堰端的治水碑刻与石窟造像并存，传播着几百年来灌溉文明、农耕文化在这片平原源远流长，生生不息；干渠、支渠穿越夹江县城，清波荡漾，水流潺潺，两岸绿树，婆娑依依，形成了人与自然和谐相处的水景观。

2.2.4　航运工程——中国大运河

中国大运河，由隋唐运河、京杭运河、浙东运河三部分组成。全长 2700km，跨越地球 10 多个纬度，纵贯在我国最富饶的华北平原与江南水乡上，自北向南通达海河、黄河、淮河、长江、钱塘江五大水系，是我国古代南北交通的大动脉，是世界上最长的运河，也是世界上开凿最早、规模最大的运河。中国大运河是我国古代劳动人民在我国东部平原上创造的一项伟大的水利工程，其开凿始于公元前5世纪，7世纪完成第一次全线贯通，13世纪完成第二次大贯通，历经两千余年的持续发展与演变，至今仍在发挥重要的水利与航运功能，是世界运河工程史上的创造性杰作。

中国大运河是有着复杂的演进过程、类型构成与保存现状的超大规模遗产，体现了中国大运河自春秋至今清晰、完整的演进历程，反映了隋唐宋、元明清两次大贯通时期漕粮运输系统的格局、线路、运行模式，是传统运河工程的创造性和技术体系的典范，它对我国的区域文明产生了持续的、意义重大的影响。中国大运河是世界唯一一个为确保粮食运输安全，以达到稳定政权、维持帝国统一的目的，由国家投资开凿、国家管理的巨大运河工程体系。它解决了我国南北社会和自然资源的不平衡问题，实现了在广大国土范围内南北资源和物产的大跨度调配，沟通了国家的政治中心与经济中心，促进了不同地域间的经济、文化交流，在国家统一、政权稳定、经济繁荣、社会发展等方面发挥了不可替代的作用，产生了重要的影响。中国大运河也是一个不断适应社会和自然变化的动态性工程，是一条不断发展演进的运河。

中国大运河自隋代贯通后的1400余年间，针对不同的自然、社会条件变迁，作出了有效的应对，开创了很多古代运河工程技术的先河，形成了在农业文明时代特有的运河工程范例。中国大运河以世所罕见的时间与空间尺度，展现了农业文明时期人工运河发展的悠久历史阶段，代表了工业革命前运河工程的杰出成就。

依托中国大运河持续运行的漕运这一独特的制度和体系，跨越多个朝代，运行了一千多年，是维系封建帝国的经济命脉，体现了以农业立国的集权国家独有的漕运文化传统，显示了水路运输对于国家和区域发展的强大影响力，见证了古代中国在政治、经济、社会等诸多方面的发展历程，在历史时空上刻下了深深的文明印记。

中国大运河是我国春秋战国起"大一统"政治理想的印证，加强了地区间、民族间的文化交流，推动了我国作为统一多民族国家的形成。中国大运河促进了沿线城市聚落的形成与繁荣，与重要城市的形成与发展密切相关，并塑造了沿岸人民独特的生活方式。据《马可·波罗游记》记载："元代银锭桥、烟袋斜街一带，最盛时，积水潭舳舻蔽水，盛况空前。"自古诗人为景而生，由景生情，沿河两岸的锦绣繁华加之温润灵动的河水吸引着无数文人墨客裹足前往，欣赏大运河两岸逶迤的山川美景，留下了大量与中国大运河有关的诗词歌赋。

中国大运河由于其广阔的时空跨度、巨大的成就、深远的影响而成为文明的摇篮。历经两千余年的持续发展与演变，直至今天仍发挥着重要的交通、运输、行洪、灌溉、输水等作用，是中国大运河沿线地区不可缺少的重要交通运输方式。

中国大运河是中华民族灿烂文化的历史符号代表之一，体现了我国劳动人民的勤劳与智慧，展示了我国水利工程建设的高超技艺。2014 年 6 月 22 日，中国大运河入选世界文化遗产名录。

2.2.5 综合工程——都江堰

都江堰位于四川省都江堰市城西的岷江干流上，是秦国蜀郡太守李冰父子组织修建的大型水利工程。两千多年来，始终发挥着防洪、灌溉等综合效益，让曾经饱受洪旱灾害之苦的成都平原"水旱从人，不知饥馑"。经过历代扩建，如今的都江堰灌区受益面积近千万亩，为全国最大的灌区之一。

岷江发源于川西北的岷山，在宜宾市汇入长江，全长 793km。它的上游流经峡谷河段，到了漩口附近时向东转了个近 90°的急弯，在流经都江堰市时再次向南转了一个近 90°的缓弯，沿成都平原的西侧南流。都江堰距成都不远，但垂直落差却相当巨大，从而使岷江在事实上成为悬在成都平原头顶的"地上悬河"。岷江洪水季节江水泛滥，成都平原就是一片汪洋；但到枯水时期，又老老实实地局限于河道，成都平原又是赤地千里。对于成都平原的社会经济，尤其是农业生产来说，水旱皆不能起到正向作用。不过，这个天然的弯道和较大的落差，对于自流引水却十分有利，只要找到一个合适的引水口，确定合适的运行机制，就能以较小的代价获得较大的综合效益，这也是都江堰能够持续运行至今的重要原因。

自古以来，蜀国先民们就曾为凿通玉垒山、引水到成都而做出尝试，古代传说中的开明氏鳖灵就被认为是其中著名的一位。不过，限于当时的社会经济条件，这个工程很难打通。公元前 256 年，李冰担任蜀郡太守，承担起修建运河的使命。他率领部属沿岷江实地考察，了解水情、地势等情况，确定把引水口选在成都平原冲积扇的顶部灌县玉垒山处，以保证较大的引水量和形成通畅的渠道网。历史上对李冰创筑都江堰的过程记载十分简略。但通过司马迁的《史记》、扬雄的《蜀王本纪》和常璩的《华阳国志》，结合现今的工程结构，可以基本确定李冰修建都江堰的过程：修建鱼嘴、宝瓶口和飞沙堰，同时在宝瓶口外"又开二渠，由永康过新繁入成都，称为外江，一渠由永康过郫入成都，称为内江"。这两条主渠沟通成都平原上零星分布的农田灌溉渠，初步形成了规模巨大的都江堰水利工程的渠道网。都江堰的修成，不仅解决了岷江泛滥成灾的问题，而且从内江下来的水还可以灌溉十几个县，灌溉面积达三百多万亩。从此，成都平原成为"沃野千里"的富庶之地，获得"天府之国"的美称。

此后的 2200 余年，历任蜀地政府都对都江堰进行过整修、扩建，其中比较重要的有汉文帝后元时期（公元前 163—前 157 年），西汉蜀守文翁开湔江口，即今天都江堰水系内江灌溉区的三大干渠之一的蒲阳河（另两个是柏条河、走马河），使都江堰的灌区大为扩大。东汉时期，穿望川原（即今新开河）以灌广都田，初步形成由绵远河、石亭河、湔水、岷江、西河、斜江、南河等七条河流组成的都江堰灌溉渠网。汉灵帝时（168—189 年）设置都水掾和都水长负责维护堰首工程。228 年，蜀汉丞相诸葛亮设堰官，"征丁千二百人主护"，并设专职堰官进行经常性的管理维护，开以后历代设专职水利官员管理都江堰之先河，名将马超成为事实上的第一任堰官。从宋代开始，都江堰的岁修成为定制。其中比较著名的有元代的吉当普、明代施千祥和清代丁宝桢对鱼嘴修筑方式进行的革新等。

中华人民共和国成立后，随着工业文明时代的到来和灌区社会经济的迅猛发展，都江堰水资源的需求目标也发生了巨大的变化。为了适应不断扩大的用水需求，都江堰利用现代技术，以机械化的水闸和标准化的渠系取代了传统的工程技术，水资源利用效率大幅度提高。与此同时，通过多年的扩（改）建工程建设、续建配套与节水改造，灌区主要病险工程和"卡脖子"工程得到有效治理，工程抗灾能力明显增强，供水保证率进一步提高。经过中华人民共和国成立后 70 年的建设和发展，都江堰浇灌了四川 1/3 的农田，生产了四川 1/3 的商品粮食，养活了四川 1/3 的人口，同时还担负着灌区内城镇供水、防洪、发电、水产、种植、旅游、生态、环保等多目标综合服务任务。

都江堰渠首枢纽工程位于都江堰市区西北玉垒关下的岷江河段上，工程建在成都平原扇形冲积的顶点上，为全灌区制高点，接纳了岷江上游丰富而稳定的水资源。渠首枢纽工程是整个灌区工程系统的中枢，主体工程为鱼嘴分水堤、飞沙堰溢洪坝和内江引水咽喉宝瓶口。鱼嘴是布置在岷江江心的分水堤，将岷江分为内江和外江，具有引水、分洪、分砂的功能。历史上鱼嘴用竹笼垒筑，位置曾多次变动，元、明时曾铸铁龟、铁牛分水，均毁于洪流。现鱼嘴系 1936 年始建，1974 年修建外江闸时，用混凝土和浆砌卵石覆盖加固，2002 年冬修时又以钢筋混凝土加固基础。飞沙堰是由内江通往外江的旁侧溢流堰，堰口宽 240m，堰坝高出河床 2m，具有拦引春水、排泄洪水、排砂石的功能。2013 年冬修时对凤栖窝河床进行了夯填。宝瓶口是内江灌区的总进水口，平均口宽 20m，是李冰当年率民众凿玉垒山岩壁而建成的引水咽喉。宝瓶口左岸石壁上刻有水则共二十四划，每划一市尺（1/3m），用以观测水位涨落；右岸离堆上建庙宇伏龙观，祀奉李冰。由于宝瓶口过水断面狭窄，具有天然节制闸的作用，是"天府之国"的防洪安全保障。

都江堰水利工程中鱼嘴、宝瓶口、飞沙堰三大主体工程的选址和布局十分符合自然之道，其根据"水顺则无败，无败则可久"的治水思路，巧妙地运用了岷江出山口处的地形、地势、河流弯道和水流势态，利用"凹岸取水""凸岸排砂"的原理，以鱼嘴"分流分砂"，筑飞沙堰"泄洪排砂"，凿宝瓶口"限洪引水"，三大工程相辅相成，浑然一体，运行协调，达到引水灌溉、分洪减灾、排砂防淤的功效。这种设计实现了人与自然和谐相处、共同发展的理念，它是建立在对自然规律的深刻认识与把握的基础之上的。都江堰水利工程延续 2200 余年，没有对岷江河道、枢纽所在的周边地区以及灌区内产生任何生态与环境的负面效应，促进了整个成都平原生态环境效益、社会效益与经济效益的协调发展。由于灌溉面积的连续增加，由此而带来的"绿洲效应"不断强化，整个成都平原的生态环境保持良好的状态。都江堰这一复杂、巨大而又巧妙、绿色的工程，使我国传统文化中"天人合一"的思想得到了淋漓尽致的体现，"天人合一"的思想在此达到了至高的境界。

都江堰治水文化包括都江堰的工程结构、工程技术以及维修管理制度在内的一系列治水文化，都是在实践中产生，又在实践中不断发展，遵循了"实践、认识、再实践、再认识"的一个由低级向高级的辩证统一发展过程。例如，历史上鱼嘴位置的多次变迁，飞沙堰高低的多次变动与调整，枢纽各工程部位及尺寸的巧妙安排，以及对弯道环流这一水流现象的观察、掌握与利用，无一不是实践、认识、再实践、再认识的过程。通过无数次的实践与认识，掌握了河道、水流、泥沙、工程等的客观规律，并调动这些规律为我所用，这是都江堰治水文化中最深刻的内涵之一。

都江堰水利枢纽工程的布局、巧妙的水沙处理、严谨的管理制度蕴含着深刻的科学道理。然而这些道理，不是以深奥难懂的"规定""标准"等形式出现，而是以朗朗上口的都江堰"三字经"、治水"八字格言"等形式，一代代口耳相传，使群众易于掌握与理解，从而深深地扎根于群众的土壤之中。

都江堰水利工程按水势和地形特征，把杩槎截流导流、卵石护岸、竹笼筑堤、卧铁展示淘滩标准以及"逢正抽心，遇弯截角"和"深淘滩，低作堰"等遗迹有机地结合起来，构成了一道道独特的风景线，显示出了都江堰独具魅力的水文化特征。这特质和特征在整体上反映了都江堰水利工程作为全世界年代最久的水利工程的历史身份，同时也完美地传承了都江堰的水文化。

都江堰水利工程不仅是一座巧夺天工的水利工程，还是一处优美的风景区。1982 年，都江堰被国务院列为全国重点文物保护单位，由都江堰枢纽工程、离堆公园、伏龙观、二王庙等组成的都江堰风景区，以其深厚的历史文化底蕴、优美的自然环境，吸引着无数的景仰者和观光者。2007 年 5 月 8 日，成都市青城山—都江堰旅游景区经国家旅游局正式批准为国家 5A 级旅游景区。今天的都江堰，集历史文化与现代科技于一身，集人文景观与自然景观于一身，形成了一个雄伟壮丽而又优美迷人的文化景观。

2.3　水工具

人类在治水、管水、用水等劳动过程中，除了使用普通工具（如挖掘、起重的器械、设备等）之外，还创造和发明了许多主要用于水事活动的工具。水工具体现了人水关系中人的能动性和创造性，标志着人类文化的演进。随着现代科技的发展，有些工具的实用价值在逐渐减少乃至完全消失，但其文化价值依然存在。水工具种类甚多，主要包括提水工具、水力工具和治水工具几类。

2.3.1　提水工具

人们使用提水工具，最早是从井中取水开始的，方法是以瓮汲水，要想把瓮从井中提出，就得向上用力拉，不但费力而且效率很低。

2.3.1.1　桔槔

随着井灌的逐步发展，提水工具也有了进步。桔槔俗称"吊杆"，利用杠杆原理从低处取水送向高处。据清华大学机械专家刘仙洲先生《中国古代农业机械发明史》一书推断，这种灌溉机械可能创始于商代初期的成汤时期，距今已有约 3700 多年的历史了。春秋时代已比较普遍使用，主要用于灌溉。《庄子》记载其"凿木为机，后重前轻，挈水若抽，数如泆汤，其名为槔"。秦汉之际，桔槔和井灌随着农业发展很快遍及我国广大农村，直到 20 世纪初逐渐消失。

桔槔由木桩、拗杆和配重石头等组成。提水时人站在井口毛竹或木板上，向下拉动拗杆，将拗桶浸入井水中，向上提水时借助杠杆原理，一桶水提起来省力一半。桔槔汲水灌溉，水顺着沟渠流入田中，再渗入地下，回流入井，构成了一个完整的生态水循环小系统，古老而科学的农耕方式，就这样代代传承。如今，桔槔这类传统灌溉机械早已退出了人们的视野，而浙江诸暨至今仍在使用桔槔提水，堪称灌溉文明的"活化石"。2015 年，诸暨桔槔井灌工程入选世界灌溉工程遗产。

2.3.1.2　辘轳

桔槔这种提水工具虽较省力，但它仅适用于浅井或水面开阔的沟渠，如果井很深，用桔槔就不方便了，甚至无法提水。于是，大约在 3000 年前，我们的祖先又发明了安装在井口上绞动汲水的辘轳。辘轳将单向用力方式改变为循环往复的用力方式，因而既方便又省力。宋代《物原》一书中有"史佚始作辘轳"的记载。史佚是周代史官，如果记载属实，可知我国早在距今 3000 多年前的周代就发明了辘轳。到春秋时期，辘轳已经流行，主要用于提水，也用于深井中提物。北魏贾思勰的《齐民要术》说到了当时辘轳在农田灌溉中的广泛运用。辘轳在长时间的运用过程中，虽经改进，但大体保持了原形，说明中华民族先人设计的辘轳，结构非常合理。直到今天，在北方的平原、山区，辘轳仍然是深井汲水的主要工具。在传统农村题材文艺作品中，辘轳常常成为代表性景物之一。

2.3.1.3 戽斗

戽斗是沟渠间或沟渠到田间的提水工具。戽斗用竹篾、藤条等编成，略似斗，两边有绳，使用时两人对站，拉绳汲水。亦有中间装把供一人使用的。元代王祯《农书》写道："戽斗，挹水器也，……凡水岸稍下，不容置车，当旱之际，乃用戽斗，控以双绠，两人掣之抒水上岸，以溉田稼，其斗或柳筲，或木罂，从所便也。"可见，戽斗很早就在我国用于灌溉农田了，是农家常用的提水机械，凡不能驾水车且水源与农田高差不大的地方皆可以解决灌溉的不时之需。

2.3.1.4 水车

水车的出现是提水工具又一大进步。水车又称"翻车""龙骨水车"，是运用轮轴原理提水的提水机械，小型的用手摇，大型的用脚踏，还有用畜力、风力作动力的。我国东汉及三国时都有水车发明的记载，到唐代，水车开始推广应用。在明代宋应星《天工开物》一书中，水车已经有很多类型。水车的结构比辘轳、桔槔复杂，使连续提水成为可能，极大地提高了农业的排灌能力。

在传统农业社会，水车是种水田必需的提水工具，也是南方农村典型的文化景观，历代作家留下了很多描写水车和水车劳动的篇章。苏轼有一首《无锡道中赋水车》，把水车描写成像首尾相连的鸟，脱皮剩骨的蛇，它引水灌溉稻田，使农夫在天旱时节依然具有丰收的信心。元代著名农学家王祯所著《王祯农书》的农器图谱中，有"翻车"（水车）图，将此诗与图画相配，诗画一体，意境完美。

随着电力抽水机的普遍使用，水车已经渐渐失去了实用价值。即使在南方农村，水车也很少见到，少数存放在博物馆、展览馆，供人们观赏。在一些旅游景区，水车通常很能唤起游人的兴趣。

2.3.1.5 筒车

筒车是利用水流冲击水轮转动的农业灌溉机械，是一种水力提水工具。关于筒车最早的文献出自唐代陈廷章的《水轮赋》，其中所记载的水轮即后世所称的筒车。根据《水轮赋》的描写，可知在唐代筒车已经发展得较为完善，其技术已不是初级阶段，而是相当成熟。此外，《杜诗镜铨》卷八《春水》有"连筒灌小园"。李实注："川中水车如纺车，以细竹为之，车首之末缚以竹筒。旋转时，低则舀水，高则泻水。"《春水》是杜甫到成都后所写，说明唐代四川地区存在"纺车"样的筒车用于农业灌溉。

唐代陈廷章的《水轮赋》中有"水能利物，轮乃曲成"，又有"斫木而为，凭河而引"，说明筒车的水轮为木质，且水轮的一部分要浸置于河水中，利用水力运转的原理，让竹筒取水，流水自转导灌入田，不用人力。王祯著《王祯农书》第三部分《农器图谱》有《筒车》篇，详细介绍了筒车的结构及其工作原理。

南宋以来，筒车在使用过程中不断完善，并渐行推广普及。这种靠水力自动的古老筒车，在郁郁葱葱的山间、溪流间构成了一幅幅远古的田园春色图，浇灌农田的同时，也成了人们旅游观光的靓丽风景。

2.3.2　水力工具

水力是一项重要的动力资源。今天我国各地遍布着大大小小的水力发电站，提供大量的能源，在人们生产和生活中起着巨大的作用。然而对水力的利用，却不自今日始。我们的祖先利用水力作为农业、手工业和其他方面的动力，已有悠久的历史，并曾取得卓越的成就。古代劳动人民不仅设计和发明出各种各样的水力机械，而且在如何安装这些机械及改造水流以产生更大能量方面，也积累了丰富的经验。

2.3.2.1　水碓

农业是利用水力最早的生产部门，先出现的是舂捣谷物的水力机械——水碓。最早提到水碓的是东汉桓谭的著作《新论》："宓牺之制杵臼，万民以济，及后世加巧，因延力借身重以践碓，而利十倍杵舂；又复设机关用驴骡、牛马及役水而舂，其利乃且百倍。"这里讲的"投水而舂"，就是水碓。

水碓的动力机械是一个大的立式水轮，轮上装有若干板叶，转轴上装有一些彼此错开的拨板，拨板是用来拨动碓杆的。每个碓用柱子架起一根木杆，杆的一端装一块圆锥形石头。下面的石臼里放上准备加工的稻谷。流水冲击水轮使它转动，轴上的拨板臼拨动碓杆的梢，使碓头一起一落地进行舂米。

魏晋时期，水碓使用更加普遍，而且本身也有很大改进。杜预发明了连机水碓，元人王祯所著《王祯农书》对连机水碓的结构有详尽描述且有附图。入唐以后，水碓记载更多，其用途也逐渐推广。大凡需要捣碎之物，如药物、香料，乃至矿石、竹篾纸浆等，皆可用省力功大的水碓。此外，有些水的流量甚小，无力激动水轮，人们为了充分利用这部分水的能量，又发明出另一种间歇性水碓，称"槽碓"或"木杓碓"。云南西双版纳地区的傣族人民至今仍用这种槽碓舂米。

2.3.2.2　水磨

水磨，也称水碾，是用水轮带动磨石或碾磙研磨谷物。水磨的发明不晚于两晋南北朝时期。《南齐书·祖冲之传》记载，祖冲之于建康城（今南京）"乐游苑造水碓磨，世祖亲自临视"。同时期有崔亮在雍州"造水碾磨数十区，其利十倍，国用便之"。可见在南北朝时期，水磨已很普遍。唐代水磨的建造更加普遍，还推广到了我国西藏地区。据《旧唐书·吐蕃传》记载，文成公主入藏时，命工匠教藏人在小河上安装水磨。松赞干布向唐朝政府请派工人到西藏以推广水磨。宋代饮茶之风大盛，当时的茶需要磨碎后煮水饮用，故水磨不仅用于谷物加工，还用于磨茶。

关于水磨的构造，元人王祯所著《王祯农书》中留下详细记载。水磨有卧轮式及立轮式两种，《王祯农书》所附水磨图，只有卧轮式一种，徐光启《农政全书》除卧轮式外，多出立轮式水磨一图，绘水轮长轴以齿轮装置带动两磨。

直到 20 世纪上半叶，在我国南方地区，较大的水磨房还是财富和社会地位的标志，成为许多文学作品描写的内容。

2.3.2.3　水排

我们的祖先不仅在农业方面，而且在手工业方面也曾利用水力为动力，这方面最早出现的水力机械为水排，即水力鼓风机。

水排早在东汉初年已经发明，《后汉书·杜诗传》称："杜诗，字君公，河内汲人也。……（建武）七年迁南阳太守，……善于计略，省爱民役。造作水排，铸为农器，用力少，见功多，百姓便之。"唐李贤注："冶铸者为排以吹炭，今激水以鼓之也。"据此，无论水排是否为杜诗个人所发明，但至迟东汉初年即已出现于南阳地区，则无疑问。

到了魏晋时期，水排进一步普遍化，唐宋时水排仍用于冶铁、铸钱。《王祯农书》中对水排结构有详细记录。

水排运用了主动轮、从动轮、曲柄、连杆等机构把圆周运动变为拉杆的直线往复运动；还运用了皮带传动，使直径比从动轮小的旋鼓快速旋转。它在结构上，已具有了动力机构、传动机构和工作机构三个主要部分，可以看作是现代水轮机的前身。水排的出现标志着我国复杂机器的诞生，显示了我国古人的高度智慧和创造才能，在世界科技史上占有重要的地位。

2.3.2.4　水转大纺车

元代王祯《王祯农书》首次记载了以水力为动力的纺车："此车之制，见麻苎门，兹不具述。但加所转水轮，与水转辗磨之法俱同。中原麻苎之乡，凡临流处所多置之。"按《王祯农书》所载，水转大纺车是一种"长余二丈，阔约五尺"的大型纺车，由当时的人力大纺车改装而成。水转大纺车的传动机构由两个部分组成，一是传动锭子，二是传动纱框，用来完成加捻和卷绕纱条的工作。工作机与发动机之间的传动，则由导轮与皮弦等组成。按照一定的比例安装并使用这些部件，可做到"弦随轮转，众机皆动，上下相应，缓急相宜，使绩条成紧，缠于轩上。昼夜纺绩百斤。"这种水力纺纱机的有关记载甚少，从《王祯农书》所说"中原麻苎之乡……多置之"来看，元代中原地区似曾普遍使用此物。水转大纺车是我国古代将自然力运用于纺织机械的一项重要发明。

2.3.3　治水工具

在水工具中，用于治水活动的工具数量最多，形态最丰富，随着科技的发展，现代的治水工具越来越精密，科技含量也越来越高。从科技角度看，一些治水工具在今天已经完全没有实际使用价值，但其中包含的文化内容并不随之消失，其表现可以分为以下情况：

（1）旧的治水工具已被新的工具取代，其实用功能完全消失，但作为文化遗存物供人认识和了解。如古代都江堰工程中标示河道深度的卧铁，现在作为历史文物在都江堰景区展示。20 世纪 60 年代之前，水利工程中用于测量长度的竹卷尺，现在也在水文化博物馆展示。这些工具不仅可以让后代了解历史，增长知识，也能够从中体会科技的发展、文化的演进。

（2）有的治水工具的实用功能消失，但其形象成为代代流传的文化符号。如大禹锸就是人类社会早期的治水工具，有手柄，可用脚踩，既可挖土，又能端土。现代的治水虽然不再使用同样的工具，但古往今来，凡是大禹形象（塑像、雕像、画像），其所执之物多为锸。大禹锸的形象已成为具有典型意义的文化符号。

（3）某些治水工具蕴含的文化内涵仍然具有启发性和传承性。如古代的水则（又称水志），是古人用于测量水位的标尺。最早的水则是李冰修都江堰时所立的三个石人，以水淹至石人身体某部位，衡量水位高低和水量大小。古水则有三种形式：一是无刻画，如石人水则；二是只有洪枯水位刻画的，如自唐代已有的长江涪陵石鱼只刻记枯水位等；三是有等距刻画的水则碑，最为常见。它们的共同特点是标志相对高度。现代水利不再使用水则作为测量水位的工具，而是使用标志绝对高度（海拔）的水标尺。但古代水则所体现的测量智慧，至今还在水利实践中传承。

第 3 章

河塘湖库与制度水文化

制度水文化，是指人类在水资源开发利用、节约保护、治理配置等实践活动中形成的一系列规则，主要包括正式法律法规、实施机制和民间非正式规则。我国历代对水灾害防治、水资源利用都非常重视，围绕防洪、排涝、灌溉、水利工程修建及维护、漕运、水事纠纷等诸多涉水事物，都有明确规定；还设置了各级水利机构和职官；在基层水事活动中，还形成一些民间管理机构和规约。

3.1 水利法律法规

世界上最早的水利法可追溯至四千多年前，古巴比伦时期（约公元前 2300 年）的《汉谟拉比法典》对防洪工程有明文规定："如果某人忽视维修堤防而造成决口，他应赔偿由此给其他土地所有者带来的损失"。古罗马人在公元五六世纪间制定的《朱思廷尼亚法典》，对灌溉给予了很高的重视。在我国，水利法在春秋时期也已经出现。

3.1.1 不同水利门类的单项法规

3.1.1.1 防洪法规

防洪工程的起源甚早，传说在大禹以前就有鲧"筑城"，以保护居民区免受洪水之害。防洪堤防至迟在西周时期也已经出现。到了春秋时期，列国争霸，常常利用堤防作为危害别国的手段。相传在齐桓公的时候，楚国侵略宋、郑两个小国，就曾在河中筑坝，淹灌上游数百里的地区。当时齐国是霸主，曾出兵胁迫楚国拆除拦河坝。那时，修建作为战争手段的拦河坝和堤防，甚至决堤放

水淹灌敌国的事情还有许多，在《孙子》一书中，活跃于春秋末期的著名军事家孙武就常常用决堤放水作为战争优势的比喻。所以在诸侯之间的盟约中，明令禁止这种以邻为壑的行为。公元前651年，在葵丘之会上订立盟约，据《孟子·告子下》记载，盟约中有"无曲防"的条款，基本精神是禁止修建不顾全局危害他国的水利工程。《春秋穀梁传》还说道，这是"一明天子之禁"，即重申天子的禁令，可见在更早一些的西周时代已有这种法令。

魏蜀吴三国鼎立时，蜀汉章武三年（223年），丞相诸葛亮颁布了一道护堤命令："按九里堤捍护都城，用防水患，今修筑浚，告尔居民，勿许侵占损坏，有犯，治以严法，令即遵行。"九里堤在成都城西北，所处地势低洼，筑有一条保护成都安全的防洪堤。

现在能见到的中国历史上第一部系统的防洪法令，是金代泰和二年（公元1202年）颁发的《河防令》，内容是关于黄河和海河水系各河的河防修守法规，共十一条。现存于元代沙克什所著的《河防通议》中，仅有十条，其主要内容有：每年要选派一名政府官员沿河视察，督促地方政府和水利主管机关落实防洪措施；水利部门可以使用最快的交通工具传递防汛情况；州县主管防洪的官员每年六月初一到八月底要上堤防汛，平时分管官员也要轮流上堤检查；沿河州县官吏防汛的功过都要上报；河防军夫有规定的假期，医疗也有保障；堤防险工情况要每月向中央政府上报，情况紧急要增派夫役上堤等。

自明代中叶，长江大堤修防也开始有系统的管理制度。嘉靖四十五年（1566年）至隆庆二年（1568年），荆江知府赵贤主持大修江堤后始立《堤甲法》。

清代荆江大堤上的防洪制度更加详密，分别制定有修堤章程和防洪章程。道光十年（公元1830年）由湖北布政使林则徐主持制定《修筑堤工章程》十条（后又增补六条），主要内容有：①采用以往行之有效的官督民修的办法；②禁止官府书吏干预报销核算等事，以杜绝贪污；③选择初次上任的官吏和公正士绅办理修堤事宜，修堤尺寸钱数张榜公布；④统一按历年洪水印痕决定堤防高程；⑤堤防边坡为1：2：5，每次上土一尺二寸，分层夯砸三遍，夯实后得八寸，并进行锥探检查；⑥取土远离堤脚二十丈以外；⑦重要堤段抛石防护；⑧堤上预留抢险土料；⑨修堤土料应用淤土；⑩不许在堤上建房和埋葬。此外还有《详定江汉堤工防守大汛章程》十一条等专门的防汛制度。清代的防洪法规汇集在《大清会典事例》中，共计十九卷，内容包括：河防官吏的职责，河兵河夫、经费物料、疏浚、工具、埽工、坝工、砖工、土工等的施工规范，工程质量保证和事故索赔，种植苇柳以及河防禁令等内容，比前代法规更为详备。

3.1.1.2　农田水利法规

有明确记载农田水利的律文开始于战国时代的秦国。四川省青川县战国墓发掘的秦简中发现，秦武王二年（公元前 309 年）曾制定《田律》，条款中有"十月，为桥，修陂堤，利津溢"的规定。湖北云梦秦简中有《秦律十八种》，其中的《田律》是有关农田水利的条文，有如下内容：在播种后，下了及时雨，也应报告降雨量多少和受益农田顷数；发生旱灾、暴风雨、涝灾、蝗虫和其他虫害，也要报告受灾田地顷数等。这些规定是农田水利法规的雏形。

最早见于记载的专门性农田水利法规始于西汉。汉元鼎六年（公元前 111 年），左内史倪宽建议开六辅渠，灌溉郑国渠旁地势较高的农田，建成以后"定水令，以广溉田"。这个水令应当是该灌区的灌溉用水制度，由于有了合理的用水制度，灌溉面积因而增加。西汉末年，召信臣在南阳大兴水利，修建六门陂、钳卢陂等著名的蓄水灌溉工程，同时也"为民作均水约束，刻石立于田畔，以防纷争"。均水约束就是按需要均匀分配用水的法规，用以约束各受益农户，以免无端争水。为此，这个法规还被刻作石碑，树立在灌区，昭示于众。

宋熙宁二年（1069 年）颁行的《农田水利约束》是全国性的农田水利法规，这是一部鼓励和规范大兴农田水利建设的行政法规，是王安石变法的主要产物之一。其主要内容有：凡能提出有关土地耕种方法和某处有应兴建、恢复和扩建农田水利工程的人，核实后受奖，并交付州县负责实施；各县应上报境内荒田顷亩、所在地点和开垦办法；各县要上报应修浚的河流，应兴修或扩建的灌溉工程，并作出预算及施工安排；河流涉及几个州县的，各县都要提出意见，报送主管官吏；各县应修的堤防，应开挖的排水沟渠要提出计划、预算和施工办法，报请上级复查，然后执行；各州县的报告，主管官吏要和各路提刑或转运官吏协商，复查核实后，委派县或州施工；关系几个州的大工程，要经中央批准；工程太多的县，县官不胜任的要调动工作，事务太繁重的可增设辅助官吏；私人垦田及兴修水利，经费过多时，可向官府贷款，州县也可劝谕富家借贷；凡出力出财兴办水利的，按功利大小，官府给予奖励或录用；不按规定开修的，官吏要督促并罚款，罚款充作工程费用；各县官吏兴修水利见成效者，按功劳大小升赏，临时委派人员亦比照奖励。

3.1.1.3 运河管理法规

运河是古代漕运的主要通道，从唐代起，运河逐渐成为历代王朝的南北经济大动脉，围绕工程维修、航运管理等方面形成了一系列具体的法规。北宋对运河通黄河河段的管理有多条规定："为了满足航深要求，每岁自春及冬，常于河口均调水势，止深六尺，以通行重载为准"；由于黄河主流有时迁徙，因此每到春天就征调大批民工重开汴口；而当黄河主流顶冲时，津河进水过多，又需通过泄水闸坝泄洪；当河水位增至七尺五寸时，即派禁兵三千上堤防洪。总之，使其"浅深有度，置官以司之，都水监总察之"。

明成化九年（1473年）二月，兵部尚书白圭拟定的综合性航运法规《漕河禁例》规定，盗引、盗决运河水源湖、塘、泉、河首犯者充军，军人者徙于边卫。清代运河管理制度在《山东全河备考》中有详细记载，主要内容有：船只过闸有先后次序，除进贡鲜品船只随到随过外，其余船只必须等水积满后整批放行，违者视情节惩处；过往漕船携带货物有数量规定，并不许沿途贸易；盗决运河或运河蓄水设施和堤防者处以徒刑，为首者充军（后改为在决堤处斩首），闸官偷水卖与农民者同罪；沿河府州县设专官管理，有违法行为者由巡河御史等官审理，地方政府不得干预；运河维修料物不得挪作他用，过往官船不得要求运河工人拉纤；运河堤岸修筑定限三年，如三年以内冲决，按使用时间和损失大小定罪并停薪赔修；防守官吏需将决堤情况 10 日内申报，逾期降两级调用；对于空船或重载，各段运河都有航行时间的限制，超时受罚；管河官吏在管辖河堤上负责栽种柳树，每年成活一万株以上者按数奖励。

3.1.1.4 城市供排水法规

古代重要的城市，如长安、开封、洛阳等对供水河道管理很严，历代制定有专门制度。唐代文献中载有两条城市排水的资料：一是某甲宅中修排水渠将污水排往宅外街道被告发；二是某乙将家中污水排往邻街，被县令责杖六十下，乙上诉，认为责杖六十不合法，请求"依法正断"。可见当时已有城市排水法细则。元代大都（今北京）金水河规定，洗手洗衣物者受鞭笞。

清代北京地下排水系统发达，由于是都城，管理制度严格。乾隆十七年（1752年）规定，京城内外所有河道沟渠事务每年派一名"直年大臣"总管，当时内城共有排水大沟 30533 丈，小沟 98100 多丈，大小沟相互灌注，并与护城河和有关排水河道高程统一抄平；每年二月开冻后至三月底止统一进行疏浚和维修。各下水道所留沟眼一律注册登记，随时检查。

3.1.1.5　水利施工组织法规

水利施工往往是千百人的共同劳动，必须有明确的条例加以约束和协调。战国时期已有细致的施工管理制度。《管子·度地》中记载：要委派学习过水利技术的人主持施工；水官冬天巡视各处工程，发现需要修理和新建的要向政府书面报告，待批准后实施；水利施工在春天进行，其时农闲，且土壤解冻，含水量适宜；完工后要负责检查；劳动力从老百姓中征调；每年秋季按当地人口和土地面积摊派；区别男女及劳力强弱，造册上报官府，服劳役的可以代替服兵役；冬天，民工要事先准备好筐、锹、板、夯、土车、棚车、食具等施工工具和生活用具，预先准备好防汛的柴草等埽料；各种工具配备要有一定比例，以便组织劳力，提高工效，并要预留储备，以替换劳动中损坏的工具；工具和器材准备好后，要接受水利官员和地方官吏的联合检查，并制定相应的奖惩制度。

清代对于施工用料管理已有相应细则。例如，《五道成规》是乾隆五年（1740 年）在直隶河道总督主持下制定的海河流域河工用料规格和单价的规定。每种材料按不同用途定有不同的规格和单价；工人按工种不同，也有不同工价；对于流域内不同河道，有关单价有所差别。此外，对料物验收、保管和消耗另有专门记录和核查制度。

3.1.2　综合性的水利法规

现存最早的全国性的水利法规是唐代的《水部式》，是中央的水利立法。现存的《水部式》只是一个残卷，仅有二十九条，约 2600 余字，其内容包括农田水利管理，水碾、水磨设置及用水的规定，运河船闸的管理和维护，桥梁的管理和维修，内河航运船只及水手的管理，海运管理，渔业管理以及城市水道管理等。

从《水部式》所记载的内容分析，它大约是唐开元二十五年（737 年）的修订本。这部综合性水利法规的内容很丰富，作为法律条文，它的规定非常细致。例如《水部式》残卷第一条规定：灌溉的田地需要预先申请并报告田亩面积；渠道上设置配水闸门，闸门要牢固，用以控制灌溉时间和水量；闸门有一定规格并在官府监督之下修建，不能私自建造；地势较高的田地，不许在主要渠道上修堰壅水，而只能将取水口向上游伸展；在较小渠道上可以临时修堰拦水，以灌溉附近高处农田。

对于灌区管理行政，《水部式》规定：渠道上设渠长，闸上设斗门长，渠长和斗门长负责按计划分配用水。大型灌区的工作由政府派员主持和随时检查；有关州县还需分别选派男丁和工匠轮留看守关键配水设施。如果灌溉季节工程设施损坏，应及时修理；损坏太多，则由县向州申报，要求派工协助。并且还规定，灌溉管理的好坏作为官吏考核晋升的重要依据。

对于各个用水部门之间的利益关系，《水部式》也有专门条款。例如，处理灌溉用水和水碾、水磨的用水矛盾，有第一条和第二十条；对于处理灌溉和航运用水的矛盾，则有第二条。一般来说，它们的用水次序是：首先要保证航运的需求，而后是灌溉。一般只在非灌溉季节才允许开动水碾和水磨。在灌溉季节里，水磨和水磨的引水闸门要下锁封印并卸去磨石。如果因为水力机械拥水而使渠道淤塞，甚至渠水泛溢损害公私利益者，这座水碾或水磨将被强迫拆除。

此外，对于城市供水渠道的维护，漕运夫役和技术工人的人数和来源，重要浮桥的维修夫役人数、材料的数量、规格和产地等都有具体规定。

《水部式》有利于资源的合理利用和水利矛盾的依法解决，使水利工程的运行管理做到了制度化、规范化，促进了水利事业的健康发展。不过，此后未见全国性的综合水利法规。直至民国时期才颁布新的《水利法》。

民国《水利法》的制定使水法进入一个新的阶段。《水利法》的制定工作从1930年开始进行准备，当时曾翻译有关国家的水利法作为参考。1933年开始起草，1934年脱稿。然后发至有关单位征求意见，并开始履行立法程序，抗战开始后一度停顿。1941年行政院水利委员会成立，最后完成并通过立法院审议。1942年由当时的国民政府公布，1943年4月1日起实行，同时实行的有《水利法施行细则》。除《水利法》和《水利法施行细则》之外，还制定了若干单项水利法规，例如：为奖励兴办水利，有《兴办水利事业奖励条例》《奖助民营水力工业办法》；为发展农田水利，有《农田水利贷款工程水费收解支付办法》《灌溉事业管理养护规则》；为统筹兼顾防洪和灌溉，有《整理江湖沿岸农田水利办法大纲》及其执行办法；为促进水法实施，有《水权登记规则》《水权登记费征收办法》等。

3.1.3　国家大法中的水利条款

我国古代的民法往往和刑法不分，国家大法或刑法中也有水利条文。考古发现的《秦律十八种》是秦代的国家大法，其《田律》中规定："毋敢伐材木山林及雍堤水"，并要求地方政府向中央上报雨水情况和旱涝灾情。

《唐律疏议》中的杂律规定有水利条款，例如：不许垄断陂湖水利；不修堤防或修理失时者要受处罚；如因非常洪水而堤防失事，则不予追究；因取水灌溉而决堤，脊杖一百，如因而冲毁财物或淹毙人命者，按赃罪或杀伤罪论处；如故意毁坏堤防，依后果严重程度，最轻的要判三年徒刑，重者罪比杀人。航运也有相应规定，如：公船载私货不得超过二百斤；停船要在指定位置；行船要按规定避让；无风浪而触礁滩者，要处以相应的刑罚。还规定自然水体中的物产为公共所有，不得有权人霸占。否则，"诸占固山野陂湖之利者杖六十"。长孙无忌释曰："山泽陂湖物产所植，所有利润与众共之，其有占固者杖六十，已施功取者不追。"即山林河湖属于公共资源，霸占者要受惩罚，但承认已建成的水利工程的合法地位与利益。

明清间，除刑法中规定有水利条款外，关于典章制度的专书，更有详尽的水利条文。其中有光绪年间所修《大清会典》一百卷，《大清会典事例》一千二百二十卷。其中《大清会典事例》中河工占十九卷，海塘占四卷，水利占八卷，共计三十一卷之多，条文规定得相当细致。

以河工为例，内容包括：河务机构、官吏设置、职责范围及其演变；各河工机构的河兵和河夫的种类数量及其待遇；各地维修抢险工程的经费数量及开支；河工物料（木、草、土、石、秸料、绳索、石灰等）的购置、数量、规格；各种工程（堤、坝、埽、闸、涵洞、木龙等）的施工规范和用料；不同季节堤防的修守；河道疏浚的规格和经费；施工用船只和土车的配备；埽工、坝工、砖工、石工和土工的做法、规格和用料；河工修建保险期限的规定和失事的赔修办法；河工种植苇柳的要求和奖励办法；河工和运河禁令等。

3.2　水利管理机构

我国历代负责水利建设和管理的机构、官员在长期的实践中逐渐形成了一套完整的体系。历代水利机构与水官变化复杂，大致分为：工部、水部系统的行政管理机构；都水监系统的工程修建机构；地方水官系统，如汉之都水令丞，明清地方之水利通判、水利同知等。中央官吏直属工部或都水监，而地方水官则属地方长吏。有中央派给地方的水利官吏，起初为临时差遣，后逐渐成常职，如明清之总理河道、河道总督皆是。有中央职能部门派驻地方的水利官吏，如宋代外都水监丞，明代派往运河的工部郎中、主事等。有官非水官而职责却是专司水利的，如清代各省的道员，河南之开、归、陈、许道本为地方官而专司本省黄河修防；有地方官兼本地水利官职，如宋、金治黄官吏均代管河头衔，亦负实际责任。亦有中央非水利部门的官吏也可派往地方管水利，但往往为临时差遣。除兵、刑、运输部门常常派遣外，如明代之监察御史、给事中，则以监察职能过问水利；明之锦衣卫则以内务警察身份过问河事等；更有长江、黄河等大规模工程需军队维持秩序或参与劳役，则有武职系统的官吏。明清漕运及管河则有专业军队及武官系统，清代的总督河道多以兵部尚书任职。

3.2.1　历代中央负责水利的机构和职官

我国水利职官的设立，可上溯至原始社会末期。相传公元前 21 世纪以前，舜即位，命大禹为司空负责治水，一般都以此作为我国水官设立之始。

夏商周时期开始有专门司水的官吏，同时出于对大自然的敬畏，又赋予官与神一体发号施令的权力，《周礼》所列官名为天地春夏秋冬或金木水火土各官。管水和治水的官，分别为冬官和水官。西周时，中央主要行政官员"三有司"之一的"司工"，即司空，《考工记》和《荀子·王制》都指出其职责是"修堤梁，通沟浍，行水潦，安水藏，以时决塞"。

春秋战国时，司空之下具体的水官有川师、川衡、水虞、泽虞等，都是掌管水资源和水产的官。

秦汉设都水长、丞，掌理国家水政，隶属中央的有关部门，如太常、大司农、少府和水衡都尉，负责管理水泉、河流、湖泊等水体。西汉时由于都水官数量多，武帝特设左、右都水使者管理都水官。西汉末期，罢都水官员和使者，并设河堤谒者专管河务。东汉将司空、司徒和司马并称为"三公"，是类似宰相的最高政务长官，虽负责水土工程，但不是专官。晋代又设都水台为中央机构，其长官为都水使者。

魏晋以后，水部下又有都水郎、都水从事等。但这些官员的职位都不高，而且职数逐渐减少，甚至有时只剩一人，治河机构也不显赫。

隋代重新建立了一统的中央政权，整个中央官制进入了一个新的阶段。隋初设工部，工部尚书也通称司空，工部下设都水台，后改台为监，又改监为令，统管舟楫、河渠两署令。唐代以后除在工部下设置都水监外，还在工部之下设水部郎中、员外郎。五代时期，黄河决溢频繁，治河机构略有加强。后唐时（923—936 年），又设水部、河堤牙官、堤长、主簿等。后周显德时（954—959 年）又设水部员外郎等官。

宋代河患加剧，沿河机构更加完善。北宋初年，工部下属的水部形同虚设。宋元丰（1078—1085 年）以后水部实权加强，主要体现在改制后员外郎负责水利工程规划、经费调度、对地方官水利政绩的考核等，水都下设 6 分案 4 司，有官员 30 多人。水部设都水监，以监和少监为正副长官，属官有丞和主簿等，职能是防洪、防汛管理，以及对重要水利工程的督导等。宋代水部及下属都水监的权限较历朝为重，"廷臣有奏，朝廷必发都水监核议，职责十有八九皆在黄河"。

金代水利官制仿宋制，工部下设都水监，并在工部置侍郎一员、郎中一员，"掌修造工匠屯田山林川泽之禁，江河堤岸道路桥梁之事"。

元代在工部之下不设水部，农田水利属大司农，而河防等则归并都水监，水利工程的施工、维修、管理等职能划归流域机构，农田水利划归地方各省管理，河道及漕运管理则由中央政府直接派设专职机构。

明代工部下设有营缮、虞衡、都水、屯田四清吏司，各设郎中一人，正五品，后增设都水司郎中四人，后增设都水司主事五人，其中"都水典川泽、陂池、桥道、舟车、织造、券契、量衡之事"。

清代仍沿明制，在工部下设营缮、虞衡、都水、屯田四清吏司，其中"都水掌河渠舟航、道路关梁、公私水事"。

民国成立以后，中央水利行政划分庞杂，水利业务最早分属于内务部之土木司及农商部之农林司，民国二年（1913 年）张謇督办导淮事宜，成立导淮总局，为民国以后中央主管淮域之最早机构。民国三年，导淮总局扩大为全国水利局，其职权分配如下："关于水利事项，本系内务、农商二部之责，现既特设专局，除海河特派专员遇事分咨接洽外，其余均在该局职权之内，应由各该部咨会全国水利局,遇事协商,以资匡助而免隔阂。"可见全国水利局虽为民初主管水政之最高单位,但事权并未专一,仍需与农商、内务部共同管辖。换言之,北洋政府时期主持水利的行政机构包括内务部土木司、农商部农林司、全国水利局,三者在水利行政上相互协调,权责亦不免混淆。

3.2.2　中央派出的水利管理机构及职官

为了加强对水利工作的领导,秦汉以后,还设有中央派往地方专门巡查水利工作或者主持阶段性治河任务的官员。从汉代开始,这一官员名称是河堤谒者或河堤使者,有的在中央任职,有的以钦差大臣身份派往地方主持大规模水利工程。有些以原官兼任河堤都尉,或领河堤、护河堤、行河堤等。东汉河堤谒者成为中央主持水利的行政长官,晋至唐为都水使者的属官。从唐代起,还通过御史台的外派,形成了跨行政区划的专业系统以及水利的稽查系统。

金宣宗兴定五年(1221年)另设都巡河官,掌巡视河道、修筑堤堰、栽植榆柳等。此外,还在黄河下游沿河设置25埽(6埽在河南,19埽在河北),每埽设都巡河官,下领散巡河官,每4~5埽设都巡河官1员,散巡河官管埽兵若干,负责险工段的监管。

元代另设河道(河防)提举司、总治河防使,专管治理黄河。元至正六年(1346年)置山东、河南都水监,以专堵疏之任;元至正八年又诏"于济宁、郓城立行都水监";元至正九年又立山东、河南行都水监;元至正十二年各行都水监添设判官二员。

明永乐年间(1403—1424年),令漕运都督兼理河道。明永乐九年(1411年),以工部尚书宋礼治河,此后兼或派侍郎或御史治河,逐渐形成派朝官任治河专任官吏的做法。明成化七年(1471年)以王恕为总理河道,为黄河设立总理河道之始。隋唐以来的重要事务部都水监逐渐被总督领导下的分司和道所取代。此外,各省巡抚、都御史及中央的御史、锦衣卫、太监也常派出巡视河道。

清承明制,设工部,掌天下百工政令,水利管理的职能属于工部。同时,又设立河道总督,称总河,直接受命于朝廷,与工部几乎平起平坐,品秩可达到一品,曾有大学士充任。另外单独设立漕运总督管漕运,下有若干巡漕御史,行督察及催运漕船之责。河道总督和漕运总督的职责严格分开,漕运总督只管漕粮运输,河道总督管黄、淮河道和运河河道工程。清雍正七年(1729年),

分设江南河道总督和河南、山东河道总督，后又设直隶河道总督，并称南河、东河、北河三总督。南河、东河两河道总督兼兵部尚书、右都御史衔，清乾隆四十八年（1783 年）改兼兵部侍郎、右副都御史衔。南河总督，驻清江浦，管理江苏、河南境内黄河、运河、淮河；东河总督，驻济宁，管理河南、山东两省境内黄河、运河；北河总督，驻天津，管理海河水系各河及运河，后由直隶总督兼任。清咸丰十年（1860 年），撤销江南河道总督及其下属机构，河务归河东河道总督统辖。清光绪二十八年（1902 年），清政府又裁撤河东河道总督，河务分由河南、山东、直隶三省巡抚兼任。

民国时期，中央派驻各流域的水利机关的名称、职责、隶属关系等几经变革。1947 年水利部成立后的流域管理机构分别是淮河水利工程总局、黄河水利工程总局、扬子江水利工程总局、华北水利工程总局和珠江水利工程总局。

3.2.3　地方水利管理机构及职官

唐开元十年（722 年）六月，"博州（今聊城）黄河堤坏"，唐玄宗下令派博州刺史李畲、冀州刺史裴子余、赵州刺史柳儒"乘传旁午分理"，并令按察使萧嵩"总其事"。中央水官（隶属于工部）和地方水官（隶属于地方政府）条块清晰的水利管理体系形成。

北宋沿黄河地方各州长吏也兼管黄河。宋初太祖乾德五年（967 年），"诏开封、大名府、郓、澶、滑、孟、濮、齐、淄、沧、棣、滨、德、博、怀、卫、郑等州长吏，并兼本州河堤使"。五年后，宋太祖规定开封等沿河 17 州府各置河堤判官一名，以本州通判兼任。

金代沿河地方官也兼理河务。金大定二十七年（1187 年），金世宗命沿河"四府十六州之长、贰皆提举河防事，四十四县之令、佐皆管勾河防事"，并下令"添设河防军数"，无不肩负管理地方水利事业的重任。明代黄河沿河各省巡抚及以下地方官也都负有治河的职责。南方的海塘和长江防汛实行流域性质的分司驻守，但官员由各州县派出，归省督统一调度，州县政府则按辖区范围承担劳工、物料组织。

民国时期，在 1934 年以前，是水政紊乱、归属不一的阶段。中华民国成立后，在组建全国水利局时，曾要求各省也组织水利局，但由于国家并没有实际上统一，因此各地的情况大不相同。有的水利专设机关，归建设厅，如浙江、江西、湖南等；有的水利机关隶省政府，如江苏、福建、湖北等；有的未设专局，业务由省建设厅办理。1934年以后，水利事业统归各省建设厅主管。

3.2.4　运河管理机构及职官

宋代开始出现漕运专业管理机构，北宋在开封设排岸司和纲运司，将漕运分为排岸司和纲运司两个系统：排岸司负责运河工程管理及漕粮验收、入仓，纲运司负责随船押运。两司下领指挥，属于武职系统。从管理上纲运司服从排岸司调度，验收、卸粮、入仓等重要环节均由排岸司主持，业务上两司之间有比较严格的交接制度。

明代运河管理体系，按职能区分，可划分为运河河道管理和漕粮运输管理两大体系。漕运最高行政长官明初设运粮总官兵（简称总兵，属武职），后改漕运总督（属文职）。总漕、总兵主管漕粮的征收、运输、入仓三大主要环节。除了催督漕船外，总漕和总兵还负有考核河道官员工作、检查工程修防情况的责任，起河道、漕运两司互相制约的作用，视河道之制逐渐废弛。

清代，自清康熙二十年（1683年）起恢复总漕督运。起初每年漕运期总漕驻通州，后改驻淮安，其职责"掌佥选运弁、修造漕船、派拨全单、兑运开帮、过淮盘掣、催趱重运、查验回空、核勘漂流、督催漕欠诸务"。

漕运监督属漕运管理的监察系统。中央设巡漕御史，由京官出任，明代锦衣卫太监常充此职。巡漕御史监察河道、漕运一司吏治，驻漕运枢纽转运地，明代多驻淮安。清初一度废御使巡漕制度，清雍正七年（1729年）复设巡漕御史二员，驻淮安、通州；清乾隆二年（1737年）又增到四员，分驻淮安、济宁、天津、通州。各省巡抚、运河沿线城镇守军均负催趱之责，以防止漕船沿途停泊滞留，或带动客货，或沿途经商。

漕运管理中，地方、河道、漕司构成互相制约而又相对独立的三个管理体系，《明史·食货志》简略地阐述了三者的职责："米不备，军卫船不备，过淮误期者，责在巡抚。米具船备，不即验放，非河梗而压帮停泊，过洪误期因而漂冻者，责在漕司。船粮依限，河渠淤浅，疏浚无法，闸坐启闭失时，不得过洪抵湾者，责在河道。"清代基本上维持了这一工作机制。

3.3　民间水利管理组织与规约

3.3.1　民间水事规约

民间水事规约，主要围绕地方性灌溉工程的修建、维护、管理而形成和发展。在各灌区，各受益农户都捆绑在同一条水源上，构成一个利益共同体。在这个共同体中，客观上需要制定相对公平的用水法则，保证按一定规则使用水资源或排泄滞涝，维系共同体正常运行。《淮南子·齐俗训》在讲到万事万物都需要遵循规律和原则时举例说："譬若同陂而溉田，其受水均也。"即灌溉要平均供水，就应制定相应的法则。现存最早的具体灌溉管理制度见于甘肃敦煌的甘泉水灌区。甘泉水灌区是一个长宽各数十里的大型灌区，制定有被称作《沙洲敦煌县行用水细则》的灌溉用水制度，现存残卷 2000 余字，内容分作两大部分：前一部分记述渠道之间轮灌的先后次序，灌区内各干渠之间、干渠内各支渠之间遵循相应的轮灌规定；后半部分记述全年灌溉次数和各次的灌水时间，规定灌区全年共灌水 5 次，5 次灌水时间又分别和节气也就是作物生长的不同阶段相对应。《沙洲敦煌县行用水细则》还记载："承前已（以）来，故老相传，用为法则"，反映出它是在实践中，归纳了多年积累的经验，不断修正和完善而来。

宋代地方性灌溉工程的管理规则得到发展。以熙宁三年制定的《千仓渠水利奏立科条》为例，该科条共十一项，详列千仓渠水利管理、使用等项目。

对著名的陕西古老引泾灌渠，元代李好问的《长安图志·泾渠图说》记载，泾渠建成后，制定了《洪堰制度》和《用水则例》以规范工程维护和灌溉用水。

明清以来，民间水事规约得到了充分发展，尤其在干旱缺水的华北、西北地区的地方志资料中有大量的记载。如明代万历年间的《广济渠管理条例》、清代洪洞县的《润源渠渠册》、民国时期的《陕西省泾惠渠灌溉管理规则》等。

3.3.2　基层水利管理

唐宋时期，各级基层水利管理人员直接由政府任命。明清时期，基层水事活动增多，灌区大都采取民间自治管理，虽然地方政府也参与管理，但不再由政府任命，改由灌区选举报政府批准，或轮流担任；其主要管理人员有时候也由政府委派产生。有重要农田水利工程的地方设府州级官员如水利同知等,或县级官员管理。在黄河流域,其主要负责人有不同的称谓,如渠长、堰长、头人、会长、长老、总管等,下又有乡约、牌头、渠夫、渠正、水甲、闸夫等。在长江流域滨江沿河之堤垸,有称圩老、圩甲、圩头、堤长等,无沿江大堤的堤垸则设有垸长、垸总、圩甲等。

3.3.2.1 渠长的运作推举方式

渠长是北方引水灌溉农业地区处理基层水利事务的核心力量。《新唐书·百官志》中记载:"京畿有渠长、斗门长。"渠长这一称谓因地区、职级说法存在一定差异,如管水乡老、水利乡老、水利老人、渠正、渠长、水利、渠甲、水首等。

渠长通常在一定范围内产生,轮流担当。渠长承担着维护灌区水权的责任,因而也有以权谋私的机会,为了防止渠长因水营私,无端生滋,对于渠长当选人员具有各种规定。各地具体规定不同,但多注重家道、人品、能力等。《唐六典》"都水监"条中记载"每渠及斗门置长各一人",其注云"以庶人年五十已(以)上并勋官及停家职资有干用者为之"。这就说明作为基层的水利管理者,渠长和斗门长应该由年龄在五十岁以上的庶人、勋官或赋闲官员担任。山西《重修通利渠册》中对选举渠长的规定是"务择文资算法粗能通晓,尤须家道殷实、人品端正、干练耐劳、素孚乡望者,方准合渠举充"。由此可见,选择渠长的基本原则大体上集中于两个方面:一为"家道殷实",一为"能孚众望"。

一般情况下,公推、公举是选举渠长比较常见的方式。推选方式包括逐届临时推举,符合资格条件者依次轮流,或是"签选"。值得注意的是,在多数情形下,并非由全体相关水户直接选举,而是在"合渠公举"的名义下,由渠道各受益村的一些"代表人物"聚议推举出来的。

关于渠长的任期,一般情况下,"治水之长,一年一更",也允许"蝉联接充"。山西《洪洞县水利志补》录《洞渠渠册》规定:"本渠渠长二人、沟头三人、巡水三人,一年一更。"《普润渠渠册》规定:"每年各村公举有德行乡民一人,充为渠长。"《均益渠渠册》规定:"每年掌例按册内夫头名次一位轮膺。"《晋祠志·河例》规定:"各河渠甲一岁一更,不得历久充当。"《民勤县水利规则》第二十六条规定:"各渠渠长由水利委员会遴荐县政府核委,岔沟长副及渠干事由渠务会议公选,呈请县政府核委,任期均为一年并得连任一次或二次。"

据记载大多数地方采取一年一次或两年一次更换渠长的方法。轮番更换渠长既是防范水案、擅权营私的举措，同时也是上、中户间平衡水资源管理权最直接有效的办法。

3.3.2.2　渠长的水利职责

清乾隆年间《重修肃州新志》记载："若无专管渠道之人，恐使水或有不均，易已滋弊。"可见，选拔专职、尽责的渠长进行水利管理，对引水灌溉地区公平用水、化解水利纷争，以及实现基层社会治理，尤为重要。渠长承担的主要责任是处理基层水利事务，如渠道修建与维护、水资源分配、议定水规、处理水事纠纷等。

1. 渠道修建与维护

渠道疏浚是渠长的重要职责。通常情况下，渠道疏浚修缮工作由渠长负责，较为大型的或者比较重要的灌区枢纽性节点工程，由渠长上报县衙，由县府主持修建。耗银比较多的时候，县府还会拨付一定的经费支持工程建设。基层小型灌溉水利工程的修建、开凿、疏浚等工作，往往由基层的渠长发起，"近渠得利之民，分段计里合力公修"。一般情况下，修建小型渠坝所需经费，由渠长和受益区民众自行筹集。修渠筑坝后，"各坝水利乡老务于渠道上下不时巡视，倘被山水涨发冲坏，或因天雨坍塌以及淤塞浅窄，崔令急为修整不得漠视"。可见，渠长还需要承担渠道水利工程的日常巡查工作，及时发现并处理险情，确保渠道通畅。渠道管理工作也因时而异，如：春季清明前后，渠长需带领民众挑修渠道堤岸，遇有溃决或渠道淤积水流不通，以及渠沿堤岸颓壤时，随时用柴草、树枝、沙石加以修补，以备开渠；雨季到来时，如遇水涨或闸坝坍塌、渠水泛滥，则"需巡查修筑"；秋收后，往往集体修浚渠坝以备来年春耕；冬日风多，"或飞沙堆积沟渠壅塞，则加以挑浚"。

2. 水资源分配

水资源分配是最为棘手的问题，灌水时节分水与均水是灌区内部社会治理的头等大事，处理不好很容易发生各种各样的纠纷和问题，偷水、盗水而引起的纠纷常升级为械斗。《广平渠渠册》记载，乾隆三十六年，梁家庄大户马致恭等"横筑截垫，霸水坏渠，害及万姓"，后由经总渠长王荣先将其控告于官。一般情况下，开渠分水时节，渠长全面负责分水事宜，县府和地方士绅代表也会亲自监督。分水时，渠长根据事先订立的水规进行，确保水量分配公平。有的时候渠长还会派水夫在分水堰口下游监督。《敦煌县志》记载敦煌县分水过程如下："渠正二名，总理渠务，渠长一十八名，分拨水浆，管理各渠渠道事务，每渠派水利一名，看守渠口、议定章程……至立夏日，禀请官长带领工书、渠正人等，至党河口名黑山子分水，渠正丈量河口宽窄、水底深浅、合算尺寸、摊就分数，按渠户数多寡，公允排水，自下而上轮流浇灌，夏秋二禾赖以收稔。"

3. 议定水规

水规是公平用水的制度保障，订立水规则成为渠长的另一重要职责。一般而言，水规的订立需由渠长、绅耆、士庶代表等共同商议决定，县府一般不参与，水规议定后还需上呈县府。为确保水规的有效性，往往刻水规于石碑之上，立于水渠之旁。如果水规遭人破坏，致用水混乱，于是合渠绅衿、农约、渠长、坊甲等人"公到会所"，重新议定。水规议定之后，下游支渠水利还需不时劝谕化导农民"不得强行邀截混争"，遵守水规，防止民众强占混争水源。

4. 处理水事纠纷

渠长在水利纠纷的处理中扮演着重要角色，通过水利纠纷的调处，实现用水秩序的和谐运行和基层社会的有效治理。在枯水的年份，不遵水规、违规浇灌之事多发，民众对分水一事亦甚为重视，公平分水成为地方社会治理的重大事件。历史上陕甘地区水利纠纷是当时诉讼事件的主体，"河西讼案之大者、莫过于水利，一起争端连年不解，或截坝填河，或聚众毒打，如武威之乌牛高头坝，其往事可鉴已"。一定程度上，水利纠纷成为当时当地社会矛盾的焦点。这样一来，渠长作为主管分水的基层官员，处置水利纠纷的责任日益明确。《镇番县志》对渠长处理水利纠纷的基本原则记载道："夫河渠、水利固不敢妄议纷更，尤不可拘泥成见，要惟于率由旧章之中寓临时匀挪之法，或禀请至官，当机立决，抑或先差均水以息争端，毋失时、毋偏枯，斯为得之，贤司牧其知所尽心哉。"渠长在处理水利纠纷时，既不能随意妄议纷争，又不可拘泥成见，需在"率由旧章"的基础上灵活处理，赋予渠长在水利纠纷处理中较大权力。日常小型水利纠纷由渠长根据水规全权处理，若水案较大难以断决，则需上奏官府，由渠长作出案件报告报呈县府批示，其总的原则即为"毋失时、毋偏枯"。

总体而言，古代渠长的职责明确且具体。一地的水渠名目、里数、如何修渠、在哪里修渠、分水、日常修浚、水利纠纷的调处等，皆由渠长具体负责。而州县长官则为督率者，如农闲时监督分水、批准修渠、拨付水利经费等。如

《甘肃通志稿》所载，渠长"应查明境内大小水渠名目、里数造册通报，向后责成该州县农隙时督率……或筑渠堤，或浚渠身，或开支渠，或增木石木槽，或筑坝蓄泄务使水归渠中，顺流分灌，水少之年涓滴俱归农田，水旺之年下游均得其利，而水深之渠则架桥以便行人。其平时如何分力合作，及至需水如何按日分灌，或设水老、渠长专司其事"。

3.3.3　基层水利管理案例

3.3.3.1　通济堰规

通济堰创建于南朝萧梁天监年间，为一低坝拦河引水工程，由拱形大坝、通济闸、石涵、渠道、叶穴、概闸、湖塘等组成，至今已有 1500 年。历经整修，目前仍运用良好。其采用的拱形堰坝开创了水利工程史上拱形堰坝设计的先河；宋政和元年（1111 年）创建的石涵，将横贯堰渠的泉坑水从堰渠上引出，避免了砂石淤塞渠道，是立交分流系统的先声。通济堰堰渠纵贯碧湖平原，通过干、支、斗、农、毛五级渠道，大小概闸调节分流，并利用众多湖塘水泊储水，形成以引灌为主，储、泄兼顾的竹枝状水系网。堰坝长 275m、宽 25m、高 2.5m，上游集雨面积 2150km^2，引水流量为 3m^3/s，每天能将 20 万 m^3 松阴溪的河水拦入堰渠，再通过各级大小渠道灌溉着碧湖平原 3 万多亩水田。它的兴起、发展，从根本上改变了碧湖平原的经济面貌，"小旱即苦灌溉"的碧湖平原，从此"风虽凶而田常丰"，"受堰之田，永为上腴"，碧湖平原成为处州著名粮仓，解决了处州 1/2 的粮食问题，"利之广博，不可穷极"。通济堰实为浙南的农业水利命脉，对浙南山区经济和社会的稳定发展起到举足轻重的作用。

由于通济堰直接决定着碧湖平原的五谷收成，而碧湖平原的收成好坏又直接影响到丽水县的人民生活和地方经济，历代地方官府都非常重视通济堰的管理设施。范成大在任期间，通济堰大坝是原始的柴木结构，几乎每年都要疏浚、修理，经常性的修理花费大量的人力物力，耗资不菲，增加了民众的负担。为尽量减轻民众负担，使修浚及时，灌溉用水合理分配，充分发挥通济堰的水利效益，并使后世有章可循，范成大在主持整修了通济堰后，通过实地观察、调查，订立《通济堰规》二十条，对通济堰的管理机构、用水制度、经费负担等作了细致详尽、公正、可行的规定。范成大《通济堰规》的主要内容包括：

（1）管理人员设堰首、监当、甲头。堰首为一堰总管，由三源田户推荐，当选人必须有相当的家财和德望，执管二年后替换，其职责是根据实际情况即时组织堰工修治，任职报酬为免去本户堰工；监当辅佐堰首工作，由每源选举有"十五工以上"的田户一名充当，分管各源事务，二年一换；同时将三源分为十甲，每甲选一甲头监督具体工作，甲头在三工至十四工的田户中以田亩多少轮流委任，每年轮换，甲头保管催工历一本，负责登记当年堰工，由堰首派遣，并监督堰首分工的公正性。

（2）工程日常设有六名堰匠看守巡查，遇险即时报堰首修治。重要建筑物设专人看管，如大坝北端的船缺（即过船闸），由两名专人看管。规定平时轻船即可从此挪过，"若船重大，虽载官牧，亦令出卸，空船拔过"；若正当灌溉之时，船缺闸木闭上，任何往来船只只能从南端沙洲拔过。叶穴也设专人负责看护，及时开闭闸门。

（3）用水管理实行集中轮灌，具体采用一系列各种形制的大小闸门进行控制，各闸尺寸、启闭先后、开闸时限都为定制，不许任意更改；各概依次揭闭，顺序轮流，每源三昼夜，周而复始。以均衡各渠道的流水量。大旱时，用水紧张，由县衙派官监揭，以免田户纷争。

（4）石涵、斗门、渠堰容易淤积，必须随时修理疏浚，规定十甲每年各留五十工，隔一年由堰首于农用将尽时，组织疏浚。若遇大堰倒损，维修工程浩大，还可申请上级地方政府帮助。

（5）夫役、经费由受益田亩摊派，"每秧五百把以上敷一工"，下户（贫寒者）二百把以上敷一工，一百至二百把，出钱八十文，二十至一百把，出钱四十文。乡村实行三分法，二分敷工，一分敷钱，城镇（主要指碧湖镇）三工以下者全敷钱，三工以上者，依乡村分法。每工折钱一百文；如遇币值浮动，随时申官增减。夫役必须按时上工，每天早晚点名；同时设堰山一座专供维修所用材木。

（6）设堰簿专记田秧亩数、田户姓名，便于配水和派工；设堰司一名专司记录，每年由地方官府发给红色年历两本，分别记录敷工与纳钱情况。

《通济堰规》对各级管理人员设置、用水分配、工役派遣、堰渠维修、经费来源及开支等都作了详细规定，并明确规定了对失职、违规人员的处罚措施。其特点首先在于组织机构健全，人员分工合理，堰规按级分设管理人员，职责明确，使人各司其职，并设监当进行监督管理；其次赏罚分明，措施有力，为谨防各层管理人员弄虚舞弊和监守失职，制订了相应的惩罚措施，尤其对总管堰首的要求更为严格。

继宋之后的元、明、清各朝基本上皆沿袭范成大《通济堰规》的模式，并在此基础上针对时弊予以改进增补。如明万历三十六年（1608 年），樊良枢立新规八则，修堰条例四则；清嘉庆十八年（1813 年），郡守涂以辀立规四条；清同治五年（1866 年）郡守清安立规二十四则，订立《十八段章程》。这些都是在范成大《通济堰规》的基础上修订、增补、创新的。范成大《通济堰规》被全文收录入樊良枢所编的《通济堰志》，是历史上最早的《通济堰志》。范成大首创的《通济堰规》历经上千年，其影响之广，内容之具体详备，应用时间之长，在水利史上尚属罕见。同时，也为我们提供了极为珍贵、具体的古代水利灌溉管理的规约，对管理养护通济堰起着极为重要的作用。其中所介绍的管理经验，符合现代科学管理的基本原理，即以最少的投入（人力、物力、财力）获取最大的产出（农业的丰收、社会的安定），至今仍值得我们很好地研究和借鉴。

3.3.3.2　贵州鲍屯乡村水利自治管理

鲍屯及其乡村水利工程约建于 14 世纪末，明洪武十五至三十一年（1382—1398 年）。明洪武年间，为消灭盘踞西南地区的元朝梁王巴匝剌瓦尔密，明朝 30 万大军两路进攻，史称"调北征南"。元朝残余势力消灭后，14 万征南的军队官兵连带家属留在贵州，实行军屯。此外，还从内地移来大量贫民和流民，称"调北填南"。这些留守大军和移民在安顺市修建了很多屯堡与乡村水利工程，鲍屯乡村水利工程是其中之一。鲍屯乡村水利工程最迟在明末形成基本完善的工程体系。

鲍屯所在的安顺地区岩溶地貌发育，但地势比较平坦，海拔一般为 1200～1400m，年降雨量约为 1300mm。河谷平地散布于崇山峻岭中，其间有溪流穿过，适宜人类定居，所谓"八山一水一分田"，又称"坝子"。鲍屯就是众多坝子之一。鲍屯水利工程体系位于长江上游乌江水系的三级支流型江河（鲍屯人称大坝河）上。型江河发源于安顺市西秀区七眼桥镇洞口岩上，由西南向东北流经郑家屯、七眼桥、鲍屯等地，由六保进入平坝县后称羊昌河，流经路塘、羊昌等地，至新院入红枫湖，出红枫湖后称猫跳河，至修文、清镇、黔西三县交界处与鸭池河汇合，同入乌江。型江河从鲍屯村西南流入，绕小青山东流，经坝子东南流出，河底不断有泉水补给，水资源条件较好。

鲍屯乡村水利工程是一个完整的工程体系。以型江河为水源，以移马坝为渠首枢纽，采用引水、蓄水、分水结合的方式，将上游河道一分为二，形成老河和新河2个输水干渠、3个水仓、1个门口塘，再经过二级坝分水，将水量分配到下级渠道，实现了全村不同高程耕地的自流灌溉。另外，还充分利用河水落差和地形条件兴建多处水碾，为村民提供生活用水和粮食加工的便利，是具有综合效益的水利工程体系。

鲍屯乡村水利工程体系以最少的工程设施满足了灌溉、生活用水和防洪的需要，其工作原理可以用村民一句话来概括："一道坝一沟水一坝田"，即以坝壅水，在河道上形成水仓；沿等高线开渠引水，一条渠道可以灌溉在同一等高线范围内的稻田。坝是节制水量的关键工程，低水位时壅水，达到一定高程后开始泄水。设在坝上不同部位的龙口可在不同水位时过水，是春季灌溉用水高峰之际调节上下游用水的主要设施。

水利工程是否具有可持续性与区域政治、民俗和乡村管理机制关联密切。鲍屯乡村水利工程的历史有数百年，支持这一工程持续运行的是良好的村民自治管理制度，以及用水户对乡规民约的普遍支持和遵守。

目前，鲍屯发现2则关于水管理的石碑，都立在水仓附近。一则是在移马坝附近水井旁发现的明正德年间（1506—1521年）的残碑，碑文是："因一时无知，××泉水退缩，亢旱禾苗，见之不忍××，自知情愧，愿××后不敢侵犯。倘后有××如有放水××勿谓言之××"。从这段文字中可大致推断出，碑文内容是干旱时，有人不遵守村规，私自盗水灌溉，事情败露后遭到谴责，并刻石立碑，以示惩戒，同时重申遵守用水制度的乡规。另一则是发现于水碾房前水仓附近清咸丰六年（1856年）的石碑，碑文内容主要是关于水质保护的乡规民约，全文为："禁止毒鱼、挖坝，不准鸦子（鱼鹰）打鱼、洗澡，不准赶罾（一种捕鱼工具）、赶鱼。违者罚银一两二钱。"

在《鲍氏家谱》中还可见到关于本村公田租谷用于祭祀和诸项公共事务的收支内容。本村公共事务经费（即公费）主要有两个来源：一是水费，根据各户水田亩数、有无水碾等情况，每年秋收后按比例收取谷子，《鲍氏家谱》中详细开列了各用水户的田坝亩数；二是官田地租，鲍屯官田共133块，年收租25石，"用作祭祀以及修理各费"，公费的管理选择家境较好、德高望重且热心公益事业者执行，每年春秋两季公开收支情况。

可以说，鲍屯的宗族式自治管理体制在公共工程的管理中发挥了积极的作用。水利工程的维护工作主要由用水户承担，对水利工程的管理也是依据田、沟、坝的关系进行。每年冬天枯水季节，在村落族长的主持下，各用水户都要出工打坝。所谓打坝，即加固坝身，疏浚沟渠。水利工程的公有性质和土地的私有制在宗族性质的乡村管理中融为一体，从而使鲍屯乡村水利工程得以持续运用。

3.3.3.3 山西温泉渠轮灌制度

汾河流域下游的山西曲沃界内温泉渠，是灌溉面积不到两千亩的灌区，却是河东少有的水稻产区，它更以著名的霍例水法在水利史上占有特殊的地位。温泉出曲沃县东北三十里海头村，又名龙泉、七星泉，有七个泉眼汇集成渠，自东北而西南至曲沃县城，尾水最后流入汾河。温泉水资源在唐代已经开发利用，永徽元年（650 年）曲沃县令崔翳开渠引水溉田，即《新唐书·地理志》所记的新绛渠。至北宋温泉灌区含翼城、曲沃二县，与霍渠同处汾河谷地的引泉灌区。宋天圣二年（1024 年）两县因灌溉发生持续 20 多年用水纠纷，直到嘉祐四年（1059 年）经由朝廷判决灌区上游属翼城的 10 个村落连同土地划归曲沃，曲沃则划出相应村落和土地置换，由礼部尚书曾公亮、工部尚书平章事韩琦、礼部尚书平章事富弼具名发布文告，准温泉河水权为曲沃县水户拥有，刻石县龙王庙，永为遵守。依灌区调整村落和耕地后，消弭了数百年因县域行政区划在水管理中的纷争。

北宋水权裁定了温泉渠灌溉范围为 21 村，官渠 1 道，灌溉面积十三顷六十三亩，用水户按亩摊派水费。其后在灌区内部还是不可避免地经常发生争夺水源纠纷。元初，曲沃县将诉讼一直打到朝廷，最终大德十年（1306 年）十月十五日，由大都发出的圣旨成为最终裁定："差权达鲁花赤提河水官，言说与曲沃县提河所长官，今后渠工公事照坐此《霍渠水法条例》，依理施行，无得有顺人情，不得违犯。奉此须者开款于后，永为遵守施行。"在曲沃县令主持下，一部完全参照《霍渠水法条例》制订的《霍例水法》在灌区施行。《霍例水法》历经元明清三朝并无大的修改，及至民国才增加了 21 村的冬灌水程。《霍例水法》刻石立碑，别存于上游温泉村和下游曲沃县城的两处龙王庙中，还刻印成册，取名水册，由灌区 21 村持有。

《霍例水法》含轮灌制度、水权、工程修守、祭祀管理等条款，条款额定灌溉水亩数，将全灌区 21 村分为上、中、下三节，每年三次轮灌，各村持水册按规定的时辰"使水"。《霍例水法》规定温泉上、中、下三节灌渠渠长由张亭村"使头水人举保"产生。从用水秩序和渠长推举制度两个方面确保了上下游用水公平。水神崇拜在维系轮灌制度中有不可或缺的作用，温泉村龙王庙是温泉渠的专庙，根据《霍例水法》，各村社渠长、沟长有必须参与一年一度的灌区水神祭祀活动的义务。这天也是灌区供水灌溉的日子，是灌区特定的灌溉节日。由主祭官年复一年地宣读《温泉龙神祀文》，实际上是灌区轮灌在水神祭祀这样庄重的时间和地点的确认和强调，祭祀的例行议程标志着管理制度的世代延续。

第4章

河塘湖库与精神水文化

4.1　水与哲学

　　哲学是人类思维高度发展的产物，是人对于整个世界的抽象性认识，是自然知识和社会知识的概括和总结，是理论化、系统化的世界观和方法论。哲学不能回避两个最基本的问题是：世界是怎样形成的？人应当怎样追求生活的意义？纵观中华传统哲学史，哲学家在思考和回答这些问题时，经常会想到水——水作为生命之源和一切生物赖以生存的物质基础，它的独特功能和形态，在中华民族的哲学思维中扮演了十分重要的角色。早期人类思维多取形象、直觉和类比象征的方式，因此在认识世界和解释世界时，常常处于物我混一的状态。我国传统哲学之中，不论是"水为万物本原"的本体论思考，还是"以象喻理"的哲理性沉思，以及治水实践中积淀出的辩证思维，无不洋溢着"水性"的特质和意蕴。

4.1.1　世界的本原与水

　　水是生命之源，水是人类社会生存和发展不可缺少的物质条件。存在决定意识，由于水与人类的特殊关系，我国古代许多哲学家在探讨自然时往往突出水的作用。许多国家早期都有水本原的哲学思想，如古希腊、古代的阿拉伯国家。我国古代的思想家们也提出了水是万物之本原的朴素唯物主义思想。

　　《淮南子·原道训》载：水，"上天则为雨露，下地则为润泽；万物弗得不

生，百事不得不成"。即是说万物都离不开水，水是万物的重要组成部分。

我国古代的五行说，认为"金、木、水、火、土"是世界的本原。《洪范》中记载："五行：一曰水，二曰火，三曰木，四曰金，五曰土"，水居"五行"之首。无论是我国古代的五行说，还是古印度的"地、水、风、火"四要素说，古希腊的"光、气、水、土"四要素说，这些关于世界本原是几种物质，多元论的朴素唯物主义学说中，只有水是唯一的共识，是共有的本质。

王廷相认为由于气的运动，使宇宙万物得以产生，万物产生有一个过程，先生出水、火、土。张载用水和冰的关系说明太虚和气的关系："水凝则为冰，冰为水；太虚聚则为气，气散则为太虚。"《大一生水》说："大一生水，水反辅大一，是以成天，天反辅大一，是以成地。天地复相辅也，是以成神明。神明复相辅也，是以成阴阳。阴阳复相辅也，是以成四时。……成岁而止。"肯定了水在宇宙生成中的作用。

在我国古代关于水是万物之本原的思想中，以春秋时齐相国管仲最有代表性，《管子·水地》一文全面论述了这一思想。在《管子·水地》中，管仲认为水构成万物，万物靠水生长，人也是由水生成的，水"凝蹇而为人，而九窍五虑出焉"。这里的五虑指视、听、嗅、音、思，把人的思维能力也当作是由水聚集而成的。管仲的"水者，万物之本原"，其中的"物"，可谓无所不包。在同一篇文章中，作者还指出了水的物理性质，如能去垢，辨黑白等；还指出由于水有平准之性，可以作为量器；它虽无色，五色又非它不成，所以可称是五色之质；它虽无味，五味又全靠它中和，可称是五味之中。水是"万物之准""诸生之淡""违非得失之质"，从而强调万物、是非得失，都离不开水。通过以上几个方面的论述，管仲得出结论："水者何也，万物之本原也，诸生之宗室也"，水是万物之本原，生物之宗室。

管仲以水为世界本原的思想是极其可贵的。恩格斯在谈到古代的自然观时，曾以泰勒斯为例，说明古代最初的朴素唯物主义哲学的特点：在这里已经完全是一种原始的、自发的唯物主义了，它在自己的萌芽时期就十分自然地把自然现象的无限多样性的统一看作不言而喻的，并且在各种具有固定形态的东西中，在某种特殊的东西中寻找这个统一，比如泰勒斯就在水中完成了这个统一。在《哲学史讲演录》中，黑格尔在谈到泰勒斯的哲学时，充分肯定泰勒斯是一致公认的第一个自然哲学家。黑格尔还指出："对于泰勒斯，我们除了熟知他把水当作原则，当作一切事物的神的这一点以外，是别无所知的。"因此，"'水是原则'这句话，是泰勒斯的全部哲学"。黑格尔对于不能见到泰勒斯本人对于这一思想的阐述感到惋惜，但是在古代东方的中国，在《管子·水地》中，约早于泰勒斯一个世纪，就提出了"水者，万物之本原"的思想，不仅时间上比古希腊的泰勒斯要早，而且还比较详尽地论述了这一思想。

4.1.2　宇宙秩序原理与水

我国古代有关宇宙秩序原理的阐释主要是以"道"为中心展开的。美国达慕思大学教授艾兰在《水之道与道之端》中提出我国古代哲学中许多最基本的概念都来源于水的形象。例如气和道，有共同的本喻——水之象。道是以水道为原型的，而水有着各种各样的形态；气则以水汽为原型，引申其意义，同样暗示着水的各种形态——从坚冰，到流水，到飘浮的水汽。就人类而言，气，既是呼吸之气，也是体内的精气。在自然界中，正是水汽会变成雨水和溪水，滋润万物的生长。在抽象的层义上，它是道的组成部分。气这一观念已跨越了欧洲哲学中物质与精神的局限，把有形的世界与无形的宇宙联系起来了——在有形的世界里，气是水汽；在无形的宇宙中，气是生机与活力。气又分为阴阳二气，阴阳二气相互作用构成世界。

水的特征之一就是流有道而趋下，在孔子的《论语》中，道的概念，是以渠道和河道为原型的，"道"的思想就是要达到这样一种状态：天地万物皆各行其道，顺其自然。老子哲学的本喻和儒家一样，但在《老子》中，道的地位高于天，是第一原则。《老子》中的道不仅以自然流淌的溪水及其流动为原形，而且以水的各种各样的表现形态为原型，包括其极致——汽态。在老子那里，不仅有天之道、地之道、君子之道和君王之道，而且还有大道——像水一样，柔弱而不争，养育万物，容汇百川。

4.1.3　伦理道德与水

水是一种无生命的物质，然而与其他无生命物质不同，水与人的生活，与人的生命息息相关。水的各种不同的形态，它的性质与功能，常常被上升到哲理的高度，给予人们一定的启迪。我国古代的学者常常用水之辩证特性来论述、说明问题。在我国古代，许多著名的政治家、思想家和教育家，都曾以水为喻规劝帝王，教化国民，教育学生。

在《孔子家语》中已有"载舟覆舟"之说，到了唐太宗李世民时，君民关系被概括为舟与水的关系，提出了"水可载舟，亦可覆舟"的八字箴言。这种君民关系以舟水之喻，在当时是对历史上经验和教训的总结，是对历史理性的思考，在今天看来，这种比喻在一定程度上反映了人民群众与历史人物的关系。

张载说："天性在人，正犹水性之在冰，凝释虽异，为物一也。"水性一旦成为人的本性，便具有了道德属性，成为人性中善的来源。

我国古代哲学家还把一些伦理道德看作来自水，管仲认为水是"九德出焉""美恶、贤不肖、愚俊之所产也"。我国古代的一些思想家还把水的形态、特性、功能与人的性格、意志、道德修养等联系起来，给人们以警示。综合起来，主要在以下几个方面：

（1）从道、德、仁、义上给人以启示。管子说："人皆赴高，己独赴下，卑也。卑也者，道之室，王者之器也。"孔子说："遍与诸生而无为也，似德。"董仲舒说：水，"咸得之而生，失之而死，既似有德者"。这是对"道"和"德"的启示。管子说："水淖弱以清，而好洒人之恶，仁也。"刘向说："所及者生，似仁。"这是对"仁"的启示。对"义"的启示，有孔子的"其流也埤下，裾拘必循其理，似义"等。

（2）从人的品质上教诲人。管子说"量之不可使概，至满而止，正也"。董仲舒说："受恶不让，似包。"刘向说："绵约而策达，似察。"董仲舒说："循溪谷不迷，或奏万里而必至，既似智者。"荀子说："以出以入，以就鲜洁，似善化。"这些是从公正无私、宽容、明察、智慧、善于教化几方面教育人。

（3）从人的意志性格上启迪人。荀子说："其万折也必东，似志。"刘向说："其万折必东，似意。"刘向说："其赴百刃之谷不疑，似勇。"董仲舒说："物皆困于火，而水独能胜之，既似武者。"

老子对水更是颂扬备至。老子曾说："上善若水。水，善利万物而不争，处众人之所恶，故几于道。居善地，心善渊，与善仁，言善信，正善治，事善能，动善时。夫唯不争，故无尤。"水，只对万物有利而不要求什么。水，处于人们不相争之地，心地要像水渊那样深广，对人要像水那样无私仁爱，说话要像水那样守信，为政要像水那样公正，为事要像水那样无所不能，行动要像水那样待时而动。只有像水那样与世无争，才不会有大的过失。

4.1.4　治水哲学思想

相传四千多年前，尧、舜在位时，我国的一个重要问题就是洪水为患，"汤汤洪水方割，荡荡怀山襄陵，浩浩滔天，下民其咨"（《尧典》）。滔滔洪水淹没了广大的原野，人民只能逃往山冈上或丘陵上去躲避。尧时曾用鲧治水，他用"堙""障"之法，用泥土填塞洪水，反而使水愈涨愈高，愈治愈坏，治水九年而败，"为山九仞，功亏一篑"。后来舜把鲧流放到羽山，鲧最终也死在了那里。

到了舜当部落联盟的首领时，又选择了鲧的儿子禹，让他继续去治理洪水。禹与后稷等人动员了各部落的人民都来参加治水。禹总结了他父亲治水失败的经验和教训，并经过实地调查和测量以后，采取了修堤堵水与疏通河道相结合的办法，"高高下下，疏川导滞，钟水丰物""决九川距四海，浚畎浍距川"，取得治水成功。终于使江河畅通，水流大海，湖泊疏浚，能蓄能排。在我国远古的治水实践中萌生的治水文化彰显了水哲学的萌芽。

天人关系是我国古代唯物主义与唯心主义斗争的焦点之一，这种斗争也反映到我国历史上的治河活动中。治河是信天命、靠神佑，还是不信天、不靠神、相信人类自身对大自然斗争的能力，这是天人关系在治河活动中的具体表现。历史上，历代皇帝祭河神，求天佑，香火不断。西汉武帝元光三年（公元前132年）瓠子决口，当时丞相田蚡提出"强塞之未必应天"。关于治河，宋神宗的态度则是"纵水所之"，即放任行流。与这些唯心主义观点相反，古代的治水之人，大都坚持唯物主义态度。如针对明代有人提出决口不可塞，"一切任河之便"，潘季驯驳斥道："一切任天之便，而人力无所施焉，是尧可以无忧，禹可以不治也。归神归天，误事最大。"面对清初黄河状况十分严峻的形势，靳辅说："臣承积敝之后，安敢不力挽弊风，……惟期尽人事，而不敢诿之天灾；竭人力，而不敢媚求神佑。""期尽人事，不诿天数"表现了人类对战胜自然充满了信心，这一思想是我国古代传统的天人关系在治河思想中的具体体现。

清初，靳辅、陈潢在治河中提出了"顺其水性，而不参之以人意"的思想。就是治河要遵从河流运动的规律，而不是按人的主观意志行事。古人多处提到"治河之理"和"治河之道"，两者是一个意思，就是顺其水性。陈潢说："千古知治水道者莫孟子若也。孟子曰禹之治水之道也，传曰顺水之性也。""今昔治河之理虽同，而弥患之策亦不有同。"潘季驯说："水有性，拂之不可；河有防，弛之不可；地有定形，强之不可；治有正理，凿之不可。"他们还进一步阐述了"河之形有古今之异，河之性无古今之殊。水无殊性，故治河无殊理""顺其水性，而不参之以人意"的思想反映了我国古代治河人物在实践中已体验出规律这一哲学范畴。这种体现在我国古代治水思想中对于规律的认识，是我国古代朴素唯物主义对自然规律论述的精彩之笔。

我国古代的水利思想，特别是治河思想中同样蕴涵着丰富的辩证法思想。我国古代在治河中碰到分与合、障与疏、清与浊、修筑与防守、河流与泥沙等诸种矛盾，在解决这些矛盾时需要辩证的思考。如我国有史记载最早的治水活动为共工"壅防百川，堕高堙庳"，从早期治河活动中鲧的"障"，大禹的"疏"，发展到后来，在治河活动中分水与合水互补，疏浚与筑堤束水并行，提出了"筑堤束水，束水攻沙"的治河方略；在处理泥沙与水流矛盾时，明清两代利用淮河的清水，冲刷含沙量大的黄河，实施了清释浊以清刷浊、浊济清助清刷浑的防治方略；在处理修筑与防守的关系时，在实践中以修筑为防守，寓防守于修筑。由于"水属动者乎"，治河中要"因势利导，随时制宜""鉴于古而不胶于古"。元明清三代在处理黄、淮、运三者的关系，处理安流、保运与民生的关系时，力图既把握全面各方兼顾，又保重点，靳辅提出了"治水应审其全"的思想，潘季驯也有"治水之法，当观其全"之说。

我国古代的治河思想中已包含有系统论的思想。我们的先人们基于直观观察，窥视到了自然界与人类社会的相互联系、相互作用。自然系统中黄、淮、运相互制约、相互影响，正如陈潢所说："有全体之势，有一节之势。论全体之势贯彻始终，见责周远近。宁损小以图大，毋拯一方而误全局；寒忍暂而谋之，毋利一时而遗虑于他年。"他们对黄、淮、运这个庞大的动态系统的规划、施工都体现了系统方法的整体性、综合性的特点，他们整个治河过程追求的正是最佳化这个目标。我国水利史上许多对系统方法运用的事例，不仅表现于我国古代的治河活动中，四川都江堰和广西灵渠的规划、设计、施工也都体现了系统方法的特点。

以柔克刚、柔刚相制的辩证思想，也体现在我国古代治河思想中。靳辅解释坦坡时说："盖水性至柔，而乘风则刚。……若遇坦坡，则水之来也不过平漫而止，其退也亦不过顺缩而下……，此乃以柔制刚之道，诚理势所必然者。"

我国古代治河思想中，主张"期尽人事，不诿天数"，在顺其水性的基础上注意发挥人的主观能动性，重视主体在河流中的作用；用矛盾的观点，对相互对立的概念的认识与处理；从动态上把握河流，根据河流的运动变化制定治河方略；黄、淮、运统筹治理，全面规划。这些在处理人与自然关系中体现的思想方法在我国古代思想史、科技史中都是独树一帜的，正是在这些思想的基础上，我国古代一些著名的水利人物能够比同时代站得高一些，看得远一些，技高一筹。也正是在这些思想的基础上，我国古代组织了许多著名的水利活动和修筑了许多著名的水利工程，如大禹治水，都江堰、灵渠等工程。

4.2　水与文学

古往今来，水在中国人的词典里，不仅仅是维系生命的要素之一，它在我国几千年辉煌灿烂的文化长河中，始终扮演着一个独特而无可替代的角色。它柔弱而又狂躁、含蓄而又奔放、坚韧而又散漫、博大而又渺小、浑厚而又轻巧、深沉而又张扬的矛盾品格，像长江、黄河一样流淌在世世代代中华儿女的血管里，历经时代沉淀，构成中国人独特的品格与个性，创造了中华民族独特的水文化与独特的文学作品，丰富和充实着中华民族的文化历史。

4.2.1　水与古代文学

我国原始神话中保留了大量与水有关的故事传说，这些神话故事为后世的文学创作准备了丰富的创作素材。《淮南子》《山海经》《列子》《水经注》《博物志》等书中，都囊括着众多与水有关的神话和传说故事，如女娲补天、精卫填海、大禹治水这些家喻户晓的故事。

文学自诞生之初起，就与水结下了不解之缘。在我国最早的一部诗歌总集《诗经》中，与水有关的诗句可谓是俯拾即是，尤其是在那些歌颂爱情的诗句中，水更是不可或缺的诗歌素材。"关关雎鸠，在河之洲，窈窕淑女，君子好逑。""蒹葭苍苍，白露为霜。所谓伊人，在水一方。"这些耳熟能详的诗句就是很好的见证。

江河是先人们生活环境的一个重要组成部分，所以水和文学发生关系就成为自然而然的事情。水之自然波动，仿佛爱情的波澜起伏；水之浩瀚深邃，有如生活的深沉广袤。于是，水便自此成为文学表达中的一个母题，也成为传统文化中的一个原型。水是生命的维持者，由此引申而来的水，就具有了母亲般的滋养和哺育的意味。

"百川东到海，何时复西归？"水，一方面象征着母亲般爱护和哺育后代的能力，一方面却也是人短暂生命的一个隐喻。人的命运和水始终是连在一起的，古人正是凭借着文学虚构和想象的方式，将水这一古老的意象和人自身的命运感觉、生活体验凝聚在了一起。文人墨客们或是借水抒发漂泊无依的孤寂感，或是用水歌颂真挚纯洁的爱情，或是拿水书写绵绵无尽的满腔愁怨，或是通过水生发出青春年华即将远逝的悲叹，或是把自己心中的理想人格寄托在水中，或是在风水占星中力求能够得水为上。中华文化的博大精深和包罗万象的气魄，都能够依凭着水一点一滴地呈现出来。水是哺育中华文明的乳汁，又是使得中华文明得以延续的推动力，更是中华民族生命繁衍中不可或缺的一部分。

尤其是在人生不得志的时候，古人往往想到用水来慰藉心灵的落寞。孔圣人就有言曰："道不行，乘桴浮于海。"当一个人在他仕途失意的时候，就不觉想起了无挂无碍的茫茫大海，这几乎成了后世文人共通的一种文化思维方式。于是水在这里又多了一层更深的意蕴，水不仅能成为古代文人在仕途失意时吟哦的对象，而且水更成就了古代文人对时间和生命的深入思考。"抽刀断水水更流，举杯销愁愁更愁"，时间是始终流动不居的，而个人的生命却是极其有限的，正如庄子所言，"吾生也有涯，而知也无涯。以有涯随无涯，殆已"。个人的生命和宇宙的真知是如此的不对称，个人无常的生命却要面对永恒的时间之流。

宋代大理学家朱熹有诗云："半亩方塘一鉴开，天光云影共徘徊。问渠那得清如许？为有源头活水来。"这首表面看起来是写景状物的诗歌，其实却内蕴着关于水的人格理想。水在这时被赋予了道德伦理的意义指向，成为儒家文化的人格载体，成为一种人格力量的象征，而这种人格理想无疑对文学是有着深远的影响的。

北宋范仲淹的《岳阳楼记》可谓是抒发古人人格理想的典范作品，文中对水的描写更是令后人称道不绝的神来之笔。"予观夫巴陵胜状，在洞庭一湖。衔远山，吞长江，浩浩汤汤，横无际涯；朝晖夕阴，气象万千……若夫霪雨霏霏，连月不开，阴风怒号，浊浪排空……至若春和景明，波澜不惊，上下天光，一碧万顷。"对不同的气候时令和自然状况下洞庭湖呈现的不同景象的描写，惟妙惟肖，美不胜收。一面是高耸入云的山岳和楼台，一面是碧波荡漾的湖水和长江，这正像是古代文人人生境界的两极，山岳楼台隐喻着"居庙堂之高"的济世情怀，而湖水江河则象征着"处江湖之远"的逍遥理想，一面是"先天下之忧而忧"的忧患意识，一面是"后天下之乐而乐"的隐逸品格。于是儒道互补的古代知识分子的人格理想在山水文学中巧妙地表现了出来，水也无可厚非地成为人们追求的一种审美境界。

　　不光是古代的诗词歌赋中频频出现与水有关的意象，古代小说中更是离不开水。代表着古代小说最高峰的四大名著，无一不是提到了水，无一不是将"水"置于整个小说的情节发展和叙事脉络中。比如，对于神魔小说的杰作《西游记》，且不论这本书中提到了多少与水有关的人名和地名，只是单论唐僧的身世就已经足够耐人寻味了。唐僧在刚出生的时候由于种种原因被放入江中顺流而下，因此其俗名又叫江流儿。水这种文化原型赋予了唐僧不寻常的人生经历，也为他后来担当西天取经的大任埋下了伏笔。水就像哺育江流儿的母亲，进入了水有如进入了母亲的怀抱。同样，西方文化中也有类似的传说，《圣经·旧约·出埃及记》中关于摩西身世的记载和《西游记》中对江流儿的描写有着异曲同工之妙，"三个月后，孩子再也藏不住了。在别无选择的情况下，约基别把婴孩放进一个用纸莎草做的箱子里，让箱子浮在尼罗河上。约基别没料到她如此一放，竟把自己的儿子放到影响历史发展的长河里。"

　　"人生诸相皆为水。"长期以来，不论是波涛汹涌的黄河、浩浩荡荡的长江，还是磅礴壮观的钱塘涌潮、诗情画意的桂林山水；不论是"北通巫峡，南极潇湘"的洞庭湖，还是"秋水共长天一色"的鄱阳湖；不论是"日月之行，若出其中；星汉灿烂，若出其里"的秦皇岛，还是"更立西江石壁，截断巫山云雨，高峡出平湖"的长江三峡……水，在中国人的生命中，或成智慧灵光闪现，或成浊酒失意漂泊，或曾经沧海难为水，或唯见长江天际流，或易水送别汨罗江魂，或太公钓鱼隐作渔父，"千年之水"已经成了中国文人乃至所有中华儿女的人格化身与普遍秉性。

　　"登山则情满于山，观海则情溢于海。"水，以其柔弱故，几乎能表达人类的一切情感。历代中国文人就这样面对着江河湖海，面对着浩渺烟波，抚今追昔，由人及己，不禁感慨万千，文思喷涌，写下多少千古绝唱！爱情、友情、亲情可以在水里找到媒介，失意、漂泊、愁怨可以在水里找到寄托，豪情、血气、奔放也可以在水里找到知音。

纵观中国文学发展史，不论从《诗经》到《楚辞》，从唐诗宋词到汉赋元曲，乃至历代江南民歌中此起彼伏的莲曲，也不论是花间派、南唐派、婉约派或豪放派，水都以一种独特的媒介与形式流动其中。"得江河湖海之神韵，写诗词歌赋之绝唱"，一直以来，多少文客骚人就这样汇聚山水之灵气，绘就了东方文学艺术那神秘独特而极具神采的辉煌一页。人生的酸甜苦辣、人生的嬉笑怒骂、人生的荣辱得失都与水的腾挪跌宕、水的九曲回肠、水的聚合离分有着惟妙惟肖的形似与千丝万缕的神似。

在漫长的历史岁月中，水逐渐成为中华民族历史文化的一个写照。它背后承载着的是整个历史文化的兴衰与荣辱。

4.2.2　水与现当代文学

在现代文学中，知识分子对水的描述和思索仍在继续着，而且呈现出了新的文化向度。五四新文化运动虽然在理论上有对传统文化的排斥，但是深入到每一位作家的实际创作中，大家便会发现，传统文化在他们的字里行间都能够时时流露出来，而且焕发着新的生命力。这正如刚出生的幼婴，虽然连接母体的脐带被截断，但是她追随母体的心是永远不会被隔断的。

周氏二兄弟的作品中存在着大量关于水的文字，他们的家乡在浙江绍兴，天然的水文化培育了他们对水的喜爱与敏感。鲁迅有很多关于童年宝贵记忆的描写都与水有关。"这时候，我的脑里忽然闪出一幅神异的图画来：深蓝的天空中挂着一轮金黄的圆月，下面是海边的沙地，都种着一望无际的碧绿的西瓜，其间有一个十一二岁的少年，项带银圈，手捏一柄钢叉，向一匹猹尽力地刺去。那猹却将身一扭，反从他的胯下逃走了。"这是"我"对少年时期闰土的回忆，回忆刚刚伊始，环境就被定格在了"海边碧绿的沙地"，因而能够与"深蓝的天空"连成一片，水天相接。在这么唯美的环境笼罩下，我们的少年小英雄出场上演了一幕看瓜刺猹的精彩剧情。同样是对童年的回忆，《社戏》中的水却又像是在跳着欢快的舞蹈。"两岸的豆麦和河底的水草所发散出来的清香，夹杂在水气中扑面的吹来；月色便朦胧在这水气里。淡黑的起伏的连山，仿佛是踊跃的铁的兽脊似的，都远远地向船尾跑去了，但我却还以为船慢"又是一次山与水的组合描写，却跃出了传统的窠臼，给水以欢快和活跃的生命激情，孩子们的心同水一样都欢快地流淌着，内心和流水一样载歌载舞，起伏的连山被孩子们不羁的心远远地甩在了后面。

熟悉鲁迅作品的人都会发现鲁迅是不经常写这些欢快明丽的景象的，阴郁、黑暗、迷茫和冷峻才是鲁迅作品最主要的色调。然而鲁迅毕竟是有着自己对记忆中美好事物的眷恋的一面，虽然这一面在书写现实中很难露面，但却往往出现在他对于童年的回忆中，而水则成为鲁迅回忆童年的载体。

周作人充满涩味和简单味的小品文和鲁迅的文章是俨然不同的两种风格，不过他的文字中也涉及大量和水有关的东西。正如他在《水里的东西》一文中所说："我是在水乡生长的，所以对于水未免有些情分。学者们说，人类曾经做过水族，小儿喜欢弄水，便是这个缘故。我的原因大约没有这样远，恐怕这只是一种习惯罢了。"

不光是水，周作人连同对和水有关的自然人文景观都有着非比寻常的观察和体悟。比如说乌篷船，"在这种船里仿佛是在水面上坐，靠近田岸去时泥土便和你的眼鼻接近，而且遇着风浪，或是坐得少不小心，就会船底朝天，发生危险，但是也颇有趣味，是水乡的一种特色"。再比如他故乡的饮食习惯，"在城里，每条路差不多有一条小河平行着，其结果是街道上桥很多，交通利用大小船只，民间饮食洗濯依赖河水，大家才有自用井，蓄雨水为饮料"。再比如周作人还提到水乡的船店，"我看见过这种船店，趁过这种埠船，还是在民国以前，时间经过了六十年，可能这些都已没有了也未可知，那么我所追怀的也只是前尘梦影了吧"。周作人童年生活中的水，在他以后的人生经历中成了取之不尽用之不竭的精神食粮，甚至可以说周作人的生命就是和水特别亲近的。鲁迅笔下的水更多的是停留在自己的童年的回忆中，而周作人则把水的印象拉入当下的现世人生去细细品味，水作为周作人在苦雨斋中的一道风景线，成为他自己日常生活和文学创作中不可或缺的一部分。

沈从文也自小便与水结下了不解之缘，当他以"乡下人"的主体视角身份构造着他心目中的"湘西世界"的时候，水更是他笔下时时出现的亲密对象。如果没有对水的描写，沈从文笔下那些具有自然、健康和完美的性格的人物，就好似缺乏了一种灵动的生气；如果没有对水的体悟，可能他笔下的"湘西世界"也就不会显得如此美轮美奂了。

在《我的写作与水的关系》一文中，沈从文这样写道："在我一个自传里，我曾经提到过水给我的种种印象。檐溜，小小的河流，汪洋万顷的大海，莫不对于我有过极大的帮助。我学会用小小脑子去思索一切，全亏得是水。我对于宇宙认识得深一点，也亏得是水。"由此可以看出，水在沈从文的整个生命及其创作中的分量有多么的重，即使沈从文远离了他家乡的活水，他的心中也会有一片关于水的天地，那就仿佛是他创作力不竭的源泉。"我虽离开了那条河流，我所写的故事，却多数是水边的故事。故事中我所最满意的文章，常用船上水上作为背景。我故事中人物的性格，全为我在水边船上所见到的人物性格。我文字中一点忧郁气氛，便因为被过去十五年前南方的阴雨天气影响而来。我文字风格，假若还有些值得注意处，那只是因为我记得水上人的言语太多了。"

从作品的主题安排，到创作时的背景设置和人物勾勒，再到作品的语言风格，几乎沈从文创作过程的全部都是离不开水的。如果沈从文的心中没有了水，他的创作也很可能是干枯而没有生机的。

朱自清在他那篇脍炙人口的散文《匆匆》中这样写道："我不知道他们给了我多少日子；但我的手确乎是渐渐空虚了。在默默里算着，八千多日子已经从我手中溜去；像针尖上一滴水滴在大海里，我的日子滴在时间的流里，没有声音，也没有影子。我不禁头涔涔而泪潸潸了。"被称为五四时期文学天才的梁遇春也在他的散文中多次写到水："无论是风雨横来，无论是澄江一练，始终好像惦记着一个花一般的家乡，那可说就是生平理想的结晶，蕴在心头的诗情，也就是明哲保身的最后壁垒了；可是同时还能够认清眼底的江山，把住自己的步骤，不管这个异地的人们是多么残酷，不管这个他乡的水土是多么不惯，却能够清瘦地站着，戛戛然好似狂风中的老树。"作者并没有遁入家乡的水土而一去不复返，眼下现实的流光亦是作者要努力忍受的对象，文辞中隐约透出略带一丝残弱却不失生命的韧性的一种精神。

现代文学中的作家们在对水的描写上面相较古代文人们是更为丰富多样的，他们当然依旧延续着用水来象征和比兴一种生命力量和人生境界的传统，然而他们更把水看成开启回忆之门的钥匙，把水视为一幅美轮美奂的风俗画，把水与自我当下的日常生活联系在一起。青春期的伤感和悸动，对年华易逝的哀叹，找不到出路的孤寂与愤懑，冲破旧世界的呼喊与徘徊，都伴着水波律动的节奏一股股地在作家们笔下流泻出来。

水就这样融入了历史上不同时期的文化人的生命和创作中。水文化在文学中的呈现并不是说在现代文学以后就已经戛然而止，在当代文学中更焕发出其夺目的生机来。

张承志的《北方的河》，王安忆的《黄河故道人》《流水十三章》，迟子建的《额尔古纳河右岸》《清水洗尘》，李杭育的《流浪的土地》，残雪的《黄泥街》《污水上的肥皂泡》，余华的《河边的错误》，格非的《迷舟》《山河入梦》，莫言的《酒国》等作品都在不同层面上与水文化发生着或隐或显的关系。

文学作为文化中的一朵奇葩，以其绚丽多姿、异彩纷呈的样态承载着这种水的精神，水的精神和文学一样将会伴随中华民族的始终。水因其自由、因其灵活而历久弥新，历朝历代都涌现出如此之多的文学作品来描写水、赞颂水，但是在这数不清的诗文小说中却又几乎找不出有丝毫的雷同和复制的迹象。因此水的生命力是无穷无尽的，对水文化的文学性的挖掘也是没有穷尽的。"上有青冥之长天，下有渌水之波澜"，此言不虚。

4.3 水与艺术

有很多美的事物是"天生"的，如黄山、九寨沟，而艺术却是人类创造的。艺术的创造来自艺术家的脑力劳动，但艺术家也不能凭空创造，总要以社会生活为源泉。无论从历史角度还是从现实角度来看，水都始终流淌在人类生活之中，孕育了生命和人类文明，是人类生存、发展的基本条件，理所当然，水也始终流淌在人类创造的艺术世界里。

4.3.1 造型艺术

造型艺术，也称"空间艺术"，包括绘画、摄影、书法、雕塑，其特点是具有空间的固定性，直观、形象，有视觉冲击力。

4.3.1.1 绘画、摄影

现存美术资料显示，隋代展子虔的《游春图》，标志着我国山水画的正式形成。在这幅画中，人物的比例很小，占据画面重要位置的是山水，特别是大河，水面宽阔、波纹清晰、波光粼粼，水中小舟轻摇。这标志着水作为主要内容而不是点缀进入了绘画艺术。

此后，山水画一直是我国绘画的重要流派，著名画家群星闪烁，优秀的山水画不胜枚举。宋代画家郭熙以山水画著名，其绘画理论著作《林泉高致》对绘画艺术如何表现水之活力和美感、韵味，提出了很多精湛的见解，光是画水的形态，就有着非常丰富的内容："水，活物也，其形欲深静，欲柔滑，欲汪洋，欲回环，欲肥腻，欲喷薄，欲激射，欲多泉，欲远流，欲瀑布插天，欲溅扑入地，欲渔钓怡怡，欲草木欣欣，欲挟烟云而秀媚，欲照溪谷而光辉，此水之活体也。"现藏台北故宫博物院的《富春山居图》，是元朝画家黄公望的代表作，以浙江富春江为背景，被称为"中国十大传世名画"之一。

古代山水画主要是表现水的自然形态之美。同时还存在一个有意思的现象，古时也有文学艺术家会从审美角度欣赏水工程，把水工程之美写入艺术作品之中。古代咏运河的诗歌，很多都写到两岸的绿树垂杨（"杨柳岸，晓风残月"），河中的樯橹风帆，一派繁忙景象。宋代著名画家李唐的绘画《清溪渔隐图》，把一座水磨坊绘入画面，随水而转的水车轮子占据画面中心地位。水磨坊是人类发明较早的利用水力的工程设施，其具有浓郁生活气息的形象引起了画家的关注，成为艺术作品之中的重要内容。

现当代山水画家笔下，除了表现水的自然美之外，劳动人民修建的水工程（特别是治理淮河、红旗渠、三峡工程、黄河小浪底工程等著名水工程）也更多被艺术家纳入作品内容。

摄影具有比绘画更写实的特点，也更具有群众基础。中华人民共和国成立以来，反映水利建设成就的摄影作品数量众多，有效提升了水工程的知名度和影响力，甚至蜚声海内外。有些绘画、摄影作品还经过工艺美术家的设计进入货币、邮品，以艺术形式反映水利建设的成就，促进水文化的传播。

4.3.1.2 书法

书法是"线条的艺术"，讲究气韵生动，而水的流转飞动所表现出的内在神韵与书法艺术极其相近。甲骨文中的"水"字，就是由三条流水线构成，显然这是人们根据水的自然景象，在长期实践中而造出的象形文字，充分说明先民们早已把水的动态流线形象引进了书法艺术里。大自然中水的灵性，为书法家提供了丰富的创作源泉，我国书法的笔画都是以跳动的线条美来表现，使书法线条的变化融合了水的精神，让人们得到美的享受。

中华人民共和国成立以来，很多著名水工程建设激发了书法家的艺术创作热情。党和国家领导人以及艺术家富有感召力的题词，本身已具有文学性，更兼别具个性的书法，艺术品位很高，也更加珍贵。20世纪50年代，安徽佛子岭水库竣工，坝体镌刻着毛泽东手书"一定要把淮河修好"的题词，郭沫若亲笔题写了"佛子岭水库"的门额，艺术大师刘海粟亲笔书写佛子岭水库竣工纪念碑文，这些"艺术徽章"使得佛子岭工程闪耀着文化之光。

4.3.1.3　雕塑

雕塑作品可视、可触，直观性、生动性强，是体现水工程文化内涵和品位的形象载体。在中华水文化历史上，以雕塑表达水事、水情有着悠久传统，最多的是遍布江河湖畔的神像、神兽、神器雕塑。而且，雕塑因其材质的稳定性能够跨越时代，长期保存，有些成为珍贵的文化遗产。雕塑作品因其重量和体积，一般都位于工程所在地，如古代江河边的铁牛塑像，就其作用而言，是镇水工具；就塑像本身而言，是艺术作品，承载着丰富的水文化内涵，成为水工程的标志性景观。中华人民共和国成立后，展示水之美和水利工程成就的雕塑作品遍布全国各地。特别是，不少水利职工自己创作的雕塑作品，表现爱水、爱水利的深厚情感，展示艺术才能，为水利事业增添了新的精神面貌。如内蒙古三盛公水利枢纽的职工利用旧材料创作了大量雕塑作品，动物形象多与水相关，栩栩如生，显示出写意的美感；器物形象大气磅礴，寓意深远，具有艺术的韵味和感染力。

4.3.2　表演艺术

表演艺术包括音乐、戏剧和曲艺、舞蹈等，属于"时间性艺术"，其传播效果是"弥散性"的。"弥散性"主要体现在两方面：①可以录音、复制、重复播放；②易于学习、传唱。其中后者使得音乐、戏剧（曲）、舞蹈比"空间艺术"能够流传得更为广泛。

4.3.2.1　音乐

音乐以声音为媒介传达情感，具有广泛的群众基础。从古至今，中华大地上各民族的音乐中都有大量对水的咏唱，如古代钟子期与俞伯牙的知音故事，就是以"汤汤乎若流水"的欣赏和共鸣为基础的。水在音乐作品中，有的是作为直接歌颂的对象，有的是作为抒情的背景。如藏族喜欢歌唱雅鲁藏布江，蒙古族歌曲中常常充盈着呼伦贝尔湖的水韵，东北黑土地的音乐中经常回荡着松花江、乌苏里江的涛声，朝鲜族歌声中经常咏唱海兰江，江南音乐中往往回旋着"太湖美""溪水清清溪水长"的旋律，海南人民深情歌咏万泉河……民族传统音乐还创作了大量以水为主要题材（不仅是作为背景）的音乐作品，形成一座丰富的民族音乐宝库，如古代的《高山流水》《春江花月夜》，现代的《黄水谣》《黄河大合唱》《小河淌水》《大海啊大海》《长江之歌》等，艺术风格多样，有的雄浑壮阔，有的温柔优美。音乐能够跨越时空，不需借助语言文字就能广泛传播。

4.3.2.2 戏剧和曲艺

戏剧和曲艺也是属于以声音为媒介的艺术，为群众喜闻乐见，对于提升水工程的文化内涵和品位，扩大水工程文化形象的传播具有重要作用。古代戏曲中利用水的自然特性（如波浪翻涌）烘托氛围，为塑造人物性格服务。这种情况下，水还只是陪衬性质的，而"水事"和"治水人"，因为自身已经具有了情节性、故事性和矛盾冲突性，更适宜作为戏剧的主体内容。话剧《红旗渠》再现了当年修建红旗渠的生活场景，生动刻画了红旗渠建设者的精神风貌。南京市京剧团 1998 年创作的京剧《胭脂河》，剧情主线是水利工程中廉政与贪腐的斗争，最终正义获胜。故事发生在明洪武年间，地点在江宁府溧水县（今南京市溧水区）境内的胭脂河。该戏参加第三届中国京剧节并获得奖项，从 1998 年开始首演至今，几乎在每个重大演出活动时都有《胭脂河》。

4.3.2.3 舞蹈

舞蹈艺术是以经过提炼加工的人体动作为主要表现手段，运用节奏、表情和构图等多种基本要素，塑造出具有直观性和动态性的舞蹈形象，表达人们的思想感情。据艺术史学家考证，舞蹈是人类最早产生的艺术。舞蹈可分为生活舞蹈与艺术舞蹈。就生活舞蹈来说，目前最为流行的广场舞中，很多都与水有关，如《水妹子》《水一样》《水汪汪》《在水一方》，舞蹈的动作与水的温柔之美、流动之韵有着内在的一致性。艺术舞蹈中，在著名的西洋芭蕾舞《天鹅湖》中，"天鹅"的美妙舞姿与水的灵动轻柔融为一体。我国著名傣族舞蹈家刀美兰的成名作就是一支名为《水》的独舞。那是 1980 年的夏天，在大连举行的第一届全国舞蹈比赛期间，她的独舞《水》，为观众展开了一幅富有浓郁生活情趣的傣族风俗画：夕阳西下，少女江边汲水，濯发清流，继而入水沐浴……刀美兰的表演充满浓郁的生活气息和水之灵秀，深深感染了现场的观众，轰动了这座滨海城市。《水》为刀美兰赢得了很高的声誉，成了她的成名作。

4.3.3　影视艺术

影视艺术相比于其他艺术门类而言，是新兴的艺术类别，是艺术与现代科技手段结合而形成的综合艺术，包括电影、电视、网络视频等传播媒介。20 世纪 70 年代，一部黑白纪录片《红旗渠》在全国放映，借助电影的形式，让新中国水利的这面鲜艳旗帜飘扬在全国人民心中。在重返联合国之际，中国代表团带去了纪录片《红旗渠》在联合国放映，让全世界对我国的建设成就刮目相看。1983 年 8 月 7 日，关于长江沿岸地理人文的 25 集电视片《话说长江》在中央电视台播出，反响空前热烈，全国观众的反应以及它被赋予的意义已经远远超过了纪录片本身传达的信息，全国观众第一次全面直观地看到了我国河流的人文面貌。其中很多内容是反映水的自然状态和历史故事，同时也展现了当时在建的大型水工程——葛洲坝。主题歌《长江之歌》已经成为脍炙人口的歌曲，"你从雪山走来，春潮是你的风采……"唱遍了大江南北。1986 年，33 集电视片《话说运河》在央视播出，同样大大促进了运河文化形象的传播。

杭州西溪原本是以农业水利工程为基础形成的湿地，冯小刚导演的电影《非诚勿扰》将西溪作为影片外景地，大大提高了西溪湿地的知名度，使之成为海内外闻名的旅游胜地，也提升了西溪湿地的文化品位。2011 年 8 月中旬央视一套播出的电视连续剧《我叫王土地》，反映了清末民初黄河河套地区人民在王同春（剧中主角名为王土地）的率领下建造引黄灌溉工程的历史故事，影片中的情节和场景生动地展示了河套水利建设的历史画卷。

4.4　水与信仰

中华民族自古以来对水存在信仰，逐渐形成了独特的水文化，而人类文明在不同的发展阶段催生出的民间信仰，也与水文化的发展有着千丝万缕的关系。在我国的农耕文明发展进程中，农业在其中起着决定性作用。聚族而居、精耕细作的农业文明孕育了内敛式自给自足的生活方式、文化传统、农政思想、乡村管理制度等，而这些传统都与水密切相关。

4.4.1 水神崇拜

在生产力相对落后、主要是靠天吃饭的古代社会，农业的丰收在很大程度上建立在风调雨顺的基础上。农业对于雨水的过分倚重，使得雨水崇拜成为一种普遍、重要的现象，并由此衍生出了各种祈雨活动。商周时期，祈雨主要有曝巫或焚巫、祈龙、雩祭等。曝巫或焚巫，指把巫师置于烈日下曝晒或用燃烧的木柴烧烤，但不是把巫师晒死或烧死，而是使他们热得难受，以期感动神灵降雨；祈龙，是建立在龙为雨水之神信仰的基础上，通过祭拜龙神或奉献牺牲等方式，"以龙致雨"；雩祭，也是祈雨祭祀的一种重要方式，自商代开始流行，周雩祭之风更盛，宫中专设雩祭官及舞雩的女巫。雩祭分为"常雩"和"因旱而雩"两种。"常雩"为固定的祭祀，即使没有旱情，也要举行祭祀，时间为"龙见而雩"，即每当孟夏四月黄昏，龙星升起于南方时，国家要举行专门的雩祭之礼。"因旱而雩"，是指旱灾降临时增加的祭礼。古代除了天旱祈雨外，每当淫雨不止，构成洪涝之患时，还要举行去雨、退雨、宁雨之祭，如"宁雨于社"，即向土地之神献祭止雨。

除了雨水之外，地上的各种水源（水域）也是人们崇拜、信仰的对象。《礼记·月令》中记载，周代官方每年都要举行两次规模较大的祭祀水神活动：一是仲夏之月，"命有司为民祈祀山川百源"；二是仲冬之月，"天子命有司，祈四海、大川名源、渊泽、井泉"。《礼记·学记》又说："三王之祭川也，皆先河而后海。"可见，在中华民族对各种水神的崇拜祭祀活动中，河川神享有极其重要和独特的地位。这种现象表明：河川特别是黄河、长江等大江大河与中华民族的繁衍生息和文明进步有着十分重要的关系。参照世界其他古代文明的发源史可见，凡在大河两岸发源、发展起来的民族，几乎都有对河（神）的崇拜现象，如古埃及人崇拜尼罗河，古巴比伦人崇拜底格里斯河和幼发拉底河，印度人视恒河水为圣水。这种对河的崇拜，是因为这些江河是滋养培育这些民族的摇篮。

从周代开始，长江、黄河、淮水、济水这四条最著名的河流（称"四渎"）就被列为国家祭祀的对象，汉朝形成定制，一直沿袭至清。在古人的观念中，江河水神的居住地往往是源头区——河出昆仑，江出岷山，淮出桐柏，济出王屋。淮水、济水较短，且源头就在中原腹地，祭祀的场所放在源头不成问题，但黄河、长江源远流长，源头远在天边，与中原相距遥远，故只好退而求其次，象征性地把祭祀的地点放在河或江的中下游的某一处。如汉宣帝神爵元年（公元前 61 年），厘定五岳四渎祀典，"河于临晋，江于江都，淮于平氏，济于临邑界中，皆使者持节侍祠。唯泰山与河岁五祠，江水四，余皆一祷而三祠"。可见，官方对"四渎"祭祀是有等级差别的，祭祀的地点分别是：黄河在临晋（今陕西朝邑镇东南），长江在江都（今江苏江都市），淮水在平氏（今河南桐柏县西北），济水在临邑（今山东临邑县），并形成了定期祭祀的制度。

在我国龙王庙遍及各地，与龙王庙有关的龙王祭祀仪式古来有之。祭祀龙王的目的大多是为了祈求降雨或是保佑风调雨顺、出海平安，这算得上是我国最为传统的民间信仰和习俗。同时，人们熟知的"赛龙舟"，其实也与水的祭祀仪式颇有渊源。"赛龙舟"是端午节一项重要而且古老的传统民俗活动，其起源可追溯至原始社会末期，相传它最早是古越族人祭水神或龙神的一种祭祀活动。而在我国福建、台湾地区，人们信奉妈祖，也是为了祈求风调雨顺，事事如意，出海平安归来。这些祭祀仪式，在古代通常会摆上香火贡品，并伴以虔诚的祷告，其中寄托了人们对于"水"的崇拜与敬仰，也表达着对未来美好生活寄予的愿景和祈祷。

我国地域辽阔，民族众多，居地分散，先民们信仰与崇拜的自然物有较大的差别。一般情况下，人们总是把与自己生活密切相关的自然物作为信仰与崇拜的对象。比如，自古以来，沿海地区海神庙林立，渔民出海打鱼前必到海神庙去祈祷祭拜，以求海神保佑出海平安和满载而归。另外，由于我国古代的农耕社会处于自给自足的自然经济下，人们主要生活在一个相对狭小和封闭的小天地（村落）内，日常的生活、生产都离不开水，因而对于本地的水源如泉水、井水、水塘等自然会产生依赖和保护意识，故居于那里的人们崇拜的祭祀水源主要是泉、井和池塘，比如，汉族乡村普遍存在着祭祀井神的遗风，说明水井对于人民的生活有着十分重要的作用。一些与水相关的祭祀仪式和特殊节日出现在少数民族聚集地，而在民间仪式中，水通常具有扫除厄运，带来平安喜乐的含义。比如，在青藏高原的藏民族聚集地，每年 6 月会有祭祀青海湖的仪式，并且在祭祀中会有表示对龙王的敬畏与崇拜的龙鼓舞，这是一种发自于原始崇拜的信仰表达。泼水节是我国云南省傣族人民的传统节日，在泼水节期间，当地人们清早沐浴礼佛之后，用代表纯净的清水，在彼此之间进行泼洒，越是关心喜爱的人，越要多泼洒一些，为他祈求洗去过去一年的厄运与不幸，同时也祈祷来年的幸福与顺利。

4.4.2 治水英雄崇拜

上古时人们为了降伏滔天的洪水，创造出治水英雄的神话。女娲补苍天，治洪水，意欲用一己之力拯救万民于水深火热之中。《淮南子·览冥训》记述道："往古之时，四极废，九州裂，天不兼覆，地不周载，火爁焱而不灭，水浩洋而不息，猛兽食颛民，鸷鸟攫老弱。于是女娲炼五色石以补苍天，断鳌足以立四极，杀黑龙以济冀州，积芦灰以止淫水。苍天补，四极废，淫水涸，冀州平，蛟虫死，颛民生，背方州，抱圆天。"

大禹是中华民族最为崇敬的治水英雄，他的治水业绩虽不乏神话的色彩，但在百姓信仰中，那些神话都是神圣的"真实"。人民为了永远纪念他，便在他治水足迹遍布的神州大地上修建了许多纪念建筑物。另一位被人们十分推崇的治水英雄是战国时期的水利专家李冰。李冰是战国末期蜀郡的郡守，他曾在岷江流域兴修了许多水利工程，特别是率众修筑了都江堰，泽惠川西人民，一直为后人所敬仰。为了纪念李冰的治水功绩，后人在岷江边的玉垒山上修建了崇德庙。据《灌县乡土志》载，"崇德庙每岁插秧毕，蜀民奉香烛祀李王，络绎不绝。唐宋时蜀民以羊礼祀李王，庙前江际，皆屠宰之家，岁至五万余羊"。可见当时祭祀的盛况。除了大禹、李冰之外，春秋时的孙叔敖、战国时的西门豹、东汉时的马臻、元代的郭守敬等治水名臣，也曾被人们视为水神，建庙祭祀之，至今香火不息。

4.4.3 其他

4.4.3.1 鸟龙图腾崇拜

在我国古代，长江流域鸟图腾崇拜盛行，特别是吴越地区，在古代是鸟文化盛行的地区，从 6000～7000 年前的河姆渡时期开始，河姆渡一带主要盛行鸟文化。如鸟舟竞渡，在端午古老的传统祭祀中沿袭至今。在南北朝时期记录荆楚地区岁时节令风俗的《荆楚岁时记》中有载："按五月五日竞渡，俗为屈原投汨罗日，伤其死所，故并命舟楫以拯之。舸舟取其轻利，谓之飞凫。"意思是：在五月初五这天赛舟，习俗上因为这天是屈原投汨罗江的日子，乡民痛惜他的死，所以命各家的人一起划船去救他。所用之船轻便快捷，称为飞凫。"飞凫"意为会飞的鸭子，这舟显然属于"鸟舟"了。

4.4.3.2　藏民族的水崇拜

藏族先民对水的崇拜十分虔诚，有着独特的心理取向，即将水与"天神"或"地母"结缘。如《格萨尔王传》中就有寄魂湖，即指扎陵湖、鄂陵湖、卓陵湖。据史诗记载，珠姆的父亲嘉洛与其兄弟鄂洛和卓洛分别居住在今玛多县境内的扎陵湖、鄂陵湖和卓陵湖湖畔。三兄弟分别奉扎陵湖、鄂陵湖和卓陵湖为自己的寄魂湖。珠姆、尼琼和拉泽也分别随父奉三湖为寄魂湖。对水的崇拜，还表现为对水族动物神的崇拜。如，自苯教传入吐蕃后，这些圣湖神河就有了具体的水神形象，即《黑白花十万龙经》中的龙神。不过这种龙神，并不像汉族传说中的那种似长蛇形，有鳞、有四只带爪的脚、有胡须、有角的能飞行和吞云吐雾的想象中的动物。藏族的这种龙神，却没有明确的具体形象，有时甚至还把鱼、蛙、蛇等水族都视为龙神，也把这些水族动物的形象作为龙神的象征。这时的龙神，不仅掌握着藏区的降雨大权，而且还管理着防止水灾、疾病、饥荒、人们受伤、产生嫉妒之心等几乎无所不包的人间杂事。

4.5　水与习俗

4.5.1　祈祝习俗

古代人最早是敬天地、畏鬼神，其中把水也神化，对其膜顶崇拜。古人认为每一处水都有水神存在，比如黄河河伯、洛水宓妃、湘水潇湘二妃、洞庭柳毅神君与龙女、淮河无支祁、长江中游的萧公晏公、运河金龙四大王、海神妈祖等。居于大江大河旁边的人多祭祀河神江神，居于湖泽附近的人多崇拜湖神渊神，居于海滨的人多敬拜海神，居于内陆少水地方的人祭拜泉神、井神和塘神。人们崇拜水神，建庙供奉祭祀，祈求水神降福祛厄，逐渐形成了很多祈祝习俗。这些习俗大概可以区分为农业生产上祈求风调雨顺，生活上祈求平安健康，出船时祈求风平浪静。

　　我国传统社会以农为本，遇到干旱时节便举行祈雨仪式，求水神降雨。甲骨文中卜雨之辞占了很大比例，《吕氏春秋·顺民》记载："天大旱，五年不收，汤乃以身祷于桑林。"我国历史上不少著名文学家，在为官一任时也都曾主持过祈雨活动，并写下了不少祈雨诗文，如柳宗元《雷塘祷雨文》、李商隐《郑州祷雨文》、苏辙《中太一宫祈雨青词》等。在举行祈雨活动时，男女老幼汇聚巡游，万人空巷。人们拥着水神（多半为龙）浩浩荡荡走向祭祀场所。路上锣鼓喧天，要求降雨的口号声、哭喊声此起彼伏。巫师一边走，一边用柳枝蘸水，沿途拂洒，口中念念有词。其场面声势浩大，十分壮观。祈雨是围绕着农业生产、祈禳丰收的祝祷活动。今天在贵州剑河和云南楚雄，每年还都举行祈雨节，但已经失去了其本来意义，而演变成了一种民俗活动。

　　祈雨是天气干旱时的应急行为，龙头节却是每年一度的固定节日。传说农历二月初二是龙王抬头的日子，俗话说"龙不抬头天不下雨"，为了求得龙神行云布雨，二月初二这一天要在龙神庙前摆供，举行隆重的祭拜仪式，同时唱大戏以娱神。除祭祀龙神外，民间往往还举行多种活动纳吉，诸如舞龙、剃龙头、戴龙尾、开笔等。为了纳吉，二月初二这一天的食物也与龙相关，面条称作龙须面，水饺称作龙耳、龙角，米饭称作龙子，煎饼称作龙鳞饼，面条馄饨一块煮称作龙拿珠，吃猪头称作食龙头，吃葱饼称作撕龙皮，一切均取与龙有关的象征与寓意。

　　在某些特殊日子里，人们还通过洗浴来祈求平安健康。农历五月初五端午节，人们除了吃粽子和茶叶蛋外，还要洗浴兰汤。《大戴礼》所载洗浴兰汤是用菊科的佩兰煎水沐浴。屈原《九歌·云中君》中就有"浴兰汤会沐芳"之句。江南一带，逢端午节日，不论男女老幼，全家都洗，洗后也不用清水冲洗，寓意洗除晦气、祛病健体。这既是一种节日的固有享受，也是一种文化传承和熏陶。在广东，则用艾、蒲、凤仙、白玉兰等花草；在湖南、广西等地，则用柏叶、大风根、艾、蒲、桃叶等煮水洗浴。广西某些地区，有七夕储水习俗，认为双七水洗浴能消灾除病。农历六月十五日是朝鲜族的洗头节，传说用东流溪水洗头吉利，清晨男女老少都到河边洗头，晚上在家里举行洗头宴、唱洗头歌。新疆柯尔克孜族认为水能驱邪避恶，家中父母或子女出远门归来，都要举行泼水洗尘仪式。

　　沿海地区历代船工、海员、旅客、商人和渔民共同信奉的海神，除海龙王之外，妈祖影响也很大，很多船舶上都立有妈祖神位，船舶起航前要祭妈祖，祈求平安顺利。明代郑和就将天妃作为精神支柱，下西洋出航之前及归航之后，都要专程前往南京下关天妃宫祭祀妈祖。妈祖的影响，不仅遍及东南沿海及台湾地区，而且还远扬东南亚许多有华人或华裔群聚居的国家。大大小小的妈祖庙年年香火不断，逢农历三月二十三日妈祖诞辰，人们还要汇聚妈祖庙举行盛大的祭祀活动。

4.5.2 嬉水习俗

人们以水为嬉、以水为乐，在享受水所带来愉悦的传承中形成了各种各样的习俗。其中，龙舟竞渡、钱塘弄潮、放河灯、曲水流觞等可为代表。

农历三月三俗称上巳节，是我国古代一个被除祸灾、祈降吉福的节日。远在周代就已经有了水滨祓禊的风俗。祓禊是通过洗濯身体，达到除去凶疾的一种祭祀仪式。到了汉时，每逢该日官民都去水边洗濯，祓除不祥。后来，上巳节、寒食节、清明节逐渐合而为一，上巳节风俗在汉人文化中渐渐衰微。在傣族、阿昌族、德昂族、布朗族和佤族等民族则流行泼水节，人们一个个被水淋得湿透，反倒异常高兴。因为在他们看来，水可以驱邪除魔、保佑幸福平安。藏历七月六日至十二日为藏族沐浴节，其间藏族群众都到河里洗澡擦身。每年农历正月初一至初三，散居在怒江各地的傈僳族人都会举家前往怒江岸边泡温泉，名曰澡塘会。

在诞生礼仪方面，很多民族中人出生时要用清水沐浴，以示吉祥。如基诺族在孩子出生后要马上用冷水沐浴，迎接孩子来到世间。汉族婴儿出生后第三日，会集亲友为婴儿沐浴祝吉，叫作"洗三"。其用意是洗涤污秽、消灾免难，祈祥求福、图个吉利。台湾阿美人、泰雅人等有一种古老的浴婴习俗，新生儿诞生后要被带到山溪、河流中用冷水洗浴。台湾这种冷水浴婴习俗直到20世纪初才慢慢改用温水洗浴，并由户外改为户内。

每年农历五月初五端午节举行的龙舟竞渡，又称赛龙舟、划龙船、龙船赛会等，是一种具有浓郁民俗文化色彩的群众性娱乐活动，相传是为纪念爱国诗人屈原。我国于1984年将龙舟竞渡列为正式比赛项目，现在龙舟节已经在世界很多国家和地区流行。农历八月十八日为潮神伍子胥生日，在钱塘江海潮倒涌的水面上，游泳健儿以踏浪戏水的方式迎接潮神，伎艺人则在浪尖上表演水傀儡、撮弄、水百戏等，这就是钱塘弄潮的习俗。钱塘弄潮活动明代后期式微，只留下弄潮一词直到今天仍在使用。

旧俗于农历七月十五日中元节夜，燃莲花灯于水上以烛幽冥，用以悼念亡人、祝福亲人，谓之放河灯。南北朝梁武帝崇拜佛教，倡导办水陆法会，僧人在放生池放河灯。宋代道教得到提倡，规定中元节各地燃河灯、济孤魂、放焰口、演目连戏。此后，放河灯在七月半举行并随道教、佛教传播而流行全国。现在，一些地区在其他节日也放河灯，姑娘少女自制小灯笼写上对未来美好生活的祝愿顺水漂流。江南一带，病愈的人制作河灯投放，表示送走疾病灾祸。

曲水流觞，是上巳节中派生出来的一种于水边饮酒的习俗。人们在举行祓禊仪式后，大家坐在水渠两旁，在上游放置酒杯，任其顺流而下，杯停在谁面前，谁即取饮，故称为曲水流觞。觞系古代盛酒器具，木制的可自浮于水，陶制的需放在荷叶上浮水而行。晋永和九年（353 年）三月初三上巳日，会稽内史王羲之偕好友谢安、孙绰等人，在兰亭修禊后，举行饮酒赋诗的曲水流觞活动，写下了举世闻名的《兰亭集序》，引为千古佳话。这一儒风雅俗，一直留传至今。

4.5.3　节庆习俗

在我国广大区域曾流行正月初一挑新水的习俗，人们把新年清早挑回家的第一担新水，称作吉祥水，认为它能给全家带来好运。浙西一带除夕守夜到半夜时分，人们便出门悄悄挑一担新水，称之为天地水，并用此水煮饭祭祀天地。哈尼族、德昂族、纳西族、拉祜族及云南中部的汉族、藏族往往以谁家能够取到第一桶水为最吉祥。佤族过年又叫新水节、迎新水、接新水。云南彝族把正月初一挑新水称作打净水。湖北恩施土家族、湖南湘西苗族把正月初一挑回家的第一担水称作金水、银水。广西凌云、平果一带的壮族则把正月初一新水称为智慧水。云南文山壮族新水取回家后要在门前燃放 12 个特制大鞭炮，以示新春入门。

除了新年，人们在某些特定日子，饮用或沐浴某些特定地点的水，认为由此能获得健康长寿。云南云龙包罗乡有个水塘，当地白族称其水为"春水"，每年立夏村民们都要结伴来到塘边过春水节，用塘水泡青梅红糖喝。在丽江香兰河东村附近有一股常年喷涌不息的泉水，每年立夏前后三天，当地的傈僳族、彝族、白族、纳西族等都会赶来，用泉水做蒸汽浴、煮饭、烧菜。

藏族、普米族等结婚前的沐浴被看作是人生一件大事，要选择清澈的河流、湖泊来进行。纳西族有以水还酒的订婚习俗，定亲时男方要送女方一坛酒，女方则用此坛装满清水还礼，有些地方汉族定亲，女方收到男方礼物后要以水回礼，称作回鱼箸、回鱼筋。我国不少民族的婚典都有泼水仪式。广东潮阳汉族新娘上轿时，母亲要往轿上洒水祝福。贵州仡佬族称婚典泼水为打湿亲，新娘进屋时要向她浇水。云南禄劝、武定一带彝族也有泼水迎亲的习俗。福建畲族迎娶之夜，长者进入洞房依次向床铺、被子、草席、木箱、衣柜等喷水唱歌。一些民族还流行新媳妇挑水或背水的婚俗。水族新媳妇在过门后的三五天内，每天清晨除挑满自家水缸外，还要为三家六房或全村各户挑一担水，称之为挑新水。壮族新娘要在凌晨月亮未落之时挑水，称作挑月亮水。云南红河彝族有新媳妇背水习俗，背水时要撒米祭祀水神。

4.5.4　镇水习俗

我国传统水文化中的镇水习俗可以追溯到夏禹。相传大禹在治水过程中，每治理一处，必铸一头铁牛沉入水底，用其克制水怪，以伏波安澜。古籍《中华古今注》中记载道："陕州有铁牛庙，牛头在河南，尾在河北，禹以镇河患，贾至有《铁牛颂》。"陕州即今河南省三门峡市陕县，其北面是黄河，晋、陕、豫三省依陕州为界。相传当年大禹治水，就是在此凿通三门，以泄黄河之水。在北京颐和园昆明湖东堤上，现安放着清乾隆二十年（1755 年）所铸镇水铜牛，牛背上镌刻的《金牛铭》中也提到"夏禹治河，铁牛传颂。义重安澜，后人景从"。大禹治水是神话传说，历史文献记载李冰治水也有类似行为。据《华阳国志·蜀志》载，李冰为蜀守时曾"作石犀五头以厌水精"。扬雄《蜀王本纪》云："江水为害，蜀守李冰作石犀五枚：二枚在府中，一枚在市桥下，二枚在水中，以厌水精，因曰石犀里。"

镇水习俗是厌胜信仰在治水活动中的反映。《后汉书·礼仪志》中记载，在汉代，碰到水灾的时候，官方便会举行祭典，而祭仪最重要的是要"鸣鼓而攻社"或"朱索萦社，伐朱鼓"，也就是用朱色绳索捆绕社祠，并且击打朱色鼓。对于用朱绳缠绕社，干宝解释说："朱丝萦社。社，太阴也。朱，火色也。丝，离属。天子伐鼓于社，责群阴也；诸侯用币于社，请上公也；伐鼓于朝，退自攻也。此圣人之厌胜之法也。"王充也认为，"伐社"或"攻社"的用意是要令"土"厌胜"水"，以达到止水目的。1974 年在都江堰安澜索桥附近出土了一尊李冰石刻造像，为东汉灵帝时物。石像两臂及胸前皆有隶书刻字，左臂刻字"建宁元年闰月戊申朔廿五日都水掾"，右臂刻字"尹龙长陈壹造三神石人珍水万世焉"，胸前刻字"故蜀郡李府君讳冰"。意思是说，东汉时期管理都江堰的水官为李冰，雕刻石像以祈求镇压水患。据史料记载，历史上洪泽湖大堤多次溃决，仅 1575—1855 年的 280 年间就决口 140 余次。当时清王朝除广集民工修筑堤坝外，还于康熙四十年（1701 年）铸铁牛散布在高堰和里运河险要工段，以期镇水，祛除洪害。

古人为求伏波安澜、风调雨顺，无论江河湖海，还是水塘、水井、房屋建筑，都择地安置神物以镇水求安。用于镇水的神物有佛、塔、庙、祠、亭、铁镬、石人、宝剑、神兽等。在我国传统镇水习俗中，尽管镇水神物种类繁多、千奇百怪，但是出现最多的非牛莫属。从李冰修建都江堰算起，在我国 2200 多年治水过程中，不管是浩瀚万里的长江，奔腾咆哮的黄河，还是多灾多难的淮河，或是闻名于世的大运河，人们都奉石牛、铁牛、铜牛为镇水神兽，用以镇压水患，祈求平安。

乐山脚下，岷江、青衣江及大渡河三江汇聚，水势凶猛，舟楫至此往往发生船毁人亡的悲剧。唐玄宗时，海通和尚依崖开凿弥勒佛大像，欲仰仗大佛以坐化之功，镇住三江湍流。四川广安白塔倚江而立，雄伟壮观。"州南五里渠江口，《通志》宋资政大学士安丙建此塔以镇水。"北京积水潭北岸汇通祠，是明代皇家为祈求缓解水患而修建，最初名镇水观音庵，清乾隆二十六年（1761 年）重修，改名为汇通祠。元代郭守敬曾在此治理永定河，为后代立下大功，现在被辟为郭守敬纪念馆。镇河楼在全国不多见。古代昌源河经常泛滥，给当地百姓带来了沉重灾难，为避灾免祸，山西祁县于明宣德年间（1426—1435 年）筑造了镇河楼。江西九江（江州）在历史上是经常遭受洪水灾害的地区之一，明万历十四年（1586 年），江州郡守吴秀为镇锁蛟龙、消灾免患，在长江边上建起了锁江楼、锁江塔。江苏淮安镇淮楼始建于北宋年间，原为镇江都统司酒楼。清代乾隆年间，因水患不断，人们为震慑淮水，更名为镇淮楼。重庆云阳县长滩河畔的镇水龙亭，兴建于乾隆二十五年，相传为皇帝赐封，是威镇长江水患的纪念亭。当时洪水不断，民间认为这是修炼成精的水怪走蛟造成，便在江河交汇处的岸边峭壁修建龙亭镇压之。河南开封城更冠以"卧牛城"之名，希冀凭借神牛镇服黄河之患。顾炎武《历代宅京记》写道："汴城卧牛之形，北视黄河为子，而子不敢来害其母。"《如梦录》之《附录》则进一步说："城以卧牛名者，城枕大河，牛土属，土能克水也。西城重门相向，其中之首乎，直吞河雒而来王气也。余则三四重门，转折而不冲向，其牛之足手。盘曲卧镇、参差其形，惟静可以制动也。城外东北堤畔仍有一大铁牛，遥望河浒镇之，是有取乎名之也。"

　　镇水习俗在漫长历史演化过程中，经由人们的习俗操作，功能发生了变化，或成为地方民俗标志物，或成为习俗中的重要组成部分，而被人们接受并传承了下来。无论是镇水的佛、塔、楼、亭，还是铁牛等镇水神兽，虽然早已不再冠披镇水外衣，但在今天却已成为珍贵的水利文物。

第 5 章

河塘湖库的水文化遗产保护与开发

5.1 水文化遗产的内涵与分类

5.1.1 水文化遗产的内涵

基于国内外关于"文化遗产"的概念，结合其涉水的特点，水文化遗产是人类社会承袭下来的与水有关的，或反映人与水关系的一切有价值的物质遗存，以及某一传统文化表现形式，治水和护水等过程中形成的能够反映其特殊生活生产方式，世代相传的包括口头传统、传统表演艺术、民俗活动、礼仪与节庆、民间传统知识和实践、传统手工艺技能等，以及与上述传统文化表现形式相关的文化空间。

水文化遗产是文化遗产的一个重要组成部分，在文化遗产被广泛重视的同时，与我们生产生活息息相关的水文化遗产也越来越受到关注，目前国际上与水文化遗产相近的概念是世界灌溉工程遗产，后者主要侧重于水利工程类遗产，我国近年积极争取并成功申报了多处世界灌溉工程遗产。

5.1.2 水文化遗产的分类

遗产首先分为自然遗产和文化遗产，这已得到包括联合国教科文组织在内的国际社会的普遍认可。毫无疑问，水文化遗产应是文化遗产中的一部分。那些具有自然属性的水体中，有人工活动痕迹的，如运河、护城河等；或虽未遭遇人类干预，但其水体离开所在区域后被人类加以利用的，如泉、湖泊等，也应归于水文化遗产类别。

就文化遗产而言，目前，包括我国在内的大多数国家都将其分为物质文化

遗产和非物质文化遗产。因此，水文化遗产可分为物质水文化遗产和非物质水文化遗产两大类。

5.1.2.1　物质水文化遗产

物质水文化遗产，是指那些看得见、摸得着，具有具体形态的水文化遗产，又可以分为不可移动水文化遗产和可移动水文化遗产。

1. 不可移动水文化遗产

我国移动水文化遗产是指不可通过外力移动，且移动后会影响其价值的水文化遗产。我国是典型的农业国家，历朝各代善治国者必善治水，由此形成数量众多、类型丰富且各具特色的水利工程与设施。这些水利工程与设施不仅在科学技术上拥有许多独特的创造，有的甚至代表了当时的世界水平，而且有力地促进了所在区域经济社会的发展和景观的提升。因而，不可移动水文化遗产中，以水利工程与设施最能全面系统地阐释和体现其科技、历史和艺术等综合价值，是不可移动水文化遗产的核心组成。基于此，将不可移动水文化遗产首先分为水利工程遗产与非水利工程遗产。

（1）水利工程与设施。水利工程是指为了控制、调节和利用地表水和地下水以达到兴利除害目的而修建的各类工程。

水利工程与设施类水文化遗产主要依据水利工程的分类标准分类。就单体水工建筑物而言，可按其作用分为：①挡水建筑物如坝、闸和堤等；②泄水建筑物，如溢洪道、泄洪隧洞等；③输水建筑物，如引水隧洞、放水涵管、渠道及渠系建筑物等；④取水建筑物，如取水塔、渠首进水闸等；⑤整治建筑物，如丁坝、顺坝等；⑥用于发电、船只过坝等的专门建筑物。现存大多数水利工程与设施类水文化遗产均由若干不同类型、协同工作的水工建筑物组成，可按其功能和结构分类；为在分析水文化遗产现状时能更为清晰地反映其时空分布特征，也可按其服务对象进行分类。据此，水利工程与设施主要包括以下类型：

1）灌排工程，指为防止旱、涝、渍灾而兴建的水利工程。我国灌排工程起源久远，规模也十分宏大。由于地形和气候多种多样，水资源分布各具特点，我国灌排工程形式各异，丰富多彩。灌排工程主要包括各历史时期修建的用以蓄水的水库和塘坝；从河流或湖泊引水的渠首工程，如引水坝、进水闸等，或指从区外引调水的渠道及附属建筑物；从低处向高处送水的抽水站；灌区内各级渠道及其构筑物，如隧洞、渡槽、倒虹吸、跌水、涵洞、节制闸、分水闸等；

退泄渠内多余水量的泄水闸、泄水道、退水闸和退水渠等。

2) 防洪工程，指为控制、防御洪水以减免洪灾损失而兴建的工程。治河防洪是中国水利事业中最古老的一项内容，从传说中的大禹治水开始，中华民族在与洪水抗争的漫长历程中积累了丰富的经验，形成了丰富多样的防洪思想和技术，创造了规模宏大、配套完善的治河工程，这些都是水文化遗产的重要组成部分。防洪工程主要包括各历史时期修建的堤防，如河堤、湖堤、海堤、挡潮闸等；河道整治工程，如控导工程、护岸工程和护滩工程等；分洪工程和水库等。

3) 水运工程，指为确保运道畅通而兴建的水利工程。我国早在 2500 年前已有发达的水运交通，不仅开凿了纵横交错的平原水运网，且创造了翻山运河，创造了世界最长的人工运河，这些水运工程是我国古代水利科技成就的有力见证。水运工程主要包括各历史时期修建的港口、码头、渡口、航道、防波堤、护岸、船闸和船坞等海岸、近海或内河工程。

4) 供排水工程，指为工业和生活用水服务，处理和排除污水、雨水而修建的城镇给水和排水工程。其中，给水工程指各历史时期修建的为居民和厂、矿、运输企业等供应生活、生产用水的工程，主要包括给水水源、取水构筑物（如进水管、集水井和水泵房等）、输水道、水厂和给水管网等。排水工程指各历史时期修建的为排除人类生活污水和生产中的各种废水、多余的地面水而兴建的工程，主要包括排水管系（或沟道）、废水处理厂和最终处理设施等。

5) 景观水利工程，指各历史时期于特定区域内为营造优美自然环境和游憩境域而兴建的水利工程，包括溪川、江河、湖泊、湿地、沼泽等水体景观或遗址，如承德避暑山庄河湖水系、北京昆明湖、杭州西湖和扬州瘦西湖等。

6) 水土保持工程，指具有防治山区、丘陵区、风沙区水土流失，保护、改良与合理利用水土资源，建立良好生态环境等功能的工程，主要包括山坡防护工程，如梯田、水平沟、水平阶和鱼鳞坑等；山沟治理工程，如沟头防护工程、谷坊、拦沙坝和淤地坝等；山洪排导工程，如排导沟等；小型蓄水用水工程，如小型水库和引洪漫地等。

7) 水力发电工程，主要为水电站，如云南石龙坝、吉林丰满发电站和西藏夺底沟水电站等。

8) 渔业水利工程，指为保护和增进渔业生产而修建的水利工程。

9）滩涂围垦工程，指为围海造田、满足工农业生产或交通运输需要而修建的水利工程，如江浙海塘、福建海堤等。

10）其他水利工程，主要包括为军事攻击与防御而修建的水利工程，如南北朝时期建于淮河干流上的浮山堰；环绕城市、宫殿、寺院等主要建筑物以防止敌人和动物入侵的护城河，如北京紫禁城护城河等。

11）综合利用水利工程，指同时为防洪、灌溉、发电和航运等多种目标服务的水利工程。

12）提水机具和水力机械，我国在水利机械方面使用较早，发明众多，大体可分为提水机具和水力机械两类。提水机具又可分为两类：①利用各种机械原理设计的省力或既省力又能改变运动方向的提水机具，如辘轳、翻车等；②直接利用水能本身来提水的机具，如水转翻车、筒车等。水力机械除水转翻车等提水工具外，还有用于农产品加工和手工业作坊的，如水碓、水碾、水磨、水排和水转纺车等。

13）水利设施，指附属于水利工程的各种设施，如水尺、分水口（分水仪）等。

（2）水利机构衙署，主要指各级水行政主管部门的办公场所。级别较高的古代水利管理机构有江苏淮安漕运总督部院遗址、山东济宁河道总督部院公署，以及河北保定清河道衙门、江苏苏州太湖水利同知署等；近代水利管理机构如天津顺直水利委员会旧址。级别较低的如民国年间修建的水文测站等。

（3）水利人物居住场所，主要指各级水行政主管人员和著名治水人物长期或临时居住过的场所。如江苏淮安河道总督居所清宴园、浙江嘉兴近代水利专家汪胡桢故居等。

（4）涉水祭祀建筑，主要指用来祭祀各种水神和祭拜治水名人的寺、庙、观、祠、坛、塔等建筑。如全国各地用来祭祀龙王的龙王庙、河南武陟为求黄河安澜而建的嘉应观等。用来祭拜治水名人的如祭祀大禹的禹王庙、四川都江堰用来纪念李冰的伏龙观等。

（5）涉水交通设施，主要包括桥梁、渡口和码头等。

（6）水利人物墓葬，指为纪念治水名人而为其修建的坟墓。如浙江省绍兴市的大禹陵、山西浑源县的清道光年间河东河道总督栗毓美墓、陕西省咸阳市泾阳县王桥镇泾惠渠畔的近代水利专家李仪祉陵园。

（7）水文化雕刻，指镌刻有与水有关的文字、图案的碑碣等石制品或摩崖石刻等，如历代刻有大量记录治水、管水、颂功、奖约或经典治水文章等内容的碑石，各种镇水神兽如镇水铁牛、镇水石兽等，治水人物雕像如大禹汉代画像等。

（8）水利纪念物，指承载纪念意义、与水有关的建筑或地点等，如河南省郑州市的黄河博物馆遗址、花园口决堤遗址等。

2. 可移动水文化遗产

可移动水文化遗产是相对于固定的水文化遗产而言的，它们既可伴随原生地存在，也可通过外力移动，且移动后其价值和性能不会发生改变，主要包括各历史时期重要的水文化实物、艺术品、文献、手稿、图书资料和治水历史纪念物残片等。可移动水文化遗产主要包括以下方面：

（1）水文化工具和实物，一方面包括具有历史价值的水利建设过程中所用各种河工器具，如水尺、各种水工构件（如枓栿）、以及近代水利科研仪器、设施设备、治水通信工具（如黄河上的羊皮筏子）等；另一方面包括著名治水人物所用物品，以及具有历史价值的重大水利工程建设过程中勘测、规划、设计、施工、管理等人员所用物品。

（2）水文化艺术品，主要包括含有水元素的陶器、瓷器、玉器、铜器等器物，以及含有水元素或者与水有关的绘画、雕塑、书法等作品。

（3）水利文献、手稿和图书资料，主要包括与水有关的古籍、舆图、信札、奏折、报刊、历史档案、会议记录、讲稿、决定、日记、笔记、合同文书、手稿、标语、题词、统计数据等。

（4）治水历史纪念物残片，即治水历史纪念物的破碎残片。

5.1.2.2　非物质水文化遗产

非物质水文化遗产是指各群体世代相传并视为其水文化遗产组成部分的各种传统水文化表现形式，以及与传统水文化表现形式相关的实物和场所。笼统地说，它是一种包含了随时代迁移而容易湮没的水文化记忆，因而应加以重视。主要包括以下类别：

（1）涉水民间文学，如大禹治水传说、永定河传说、西湖传说、晋祠水母娘娘的传说等。

（2）传统水事活动表演形式，如川江号子、湖南澧水船工号子等；陕西蓝田普化水会音乐、朝鲜族顶水舞等。

（3）传统水事活动、礼仪与节庆，如云南傣族泼水节、新疆塔吉克族引水节和四川都江堰放水节、赛龙舟、大禹祭典等。

（4）水工艺技能和治水传统知识，如坎儿井开凿技艺、龙骨水车营造技艺、分水制度、水管理乡规民约等。

（5）与上述表现形式相关的文化空间。

5.2　水文化遗产的价值

1. 历史文化价值

水文化遗产是人类水事活动中的遗存物，是人类治水历史和社会发展的见证，因此历史性是其显著特性，不同的历史时代、不同地域、不同民族呈现出不同的历史文化特征。水文化遗产具有的重要历史文化价值表现在以下方面：

（1）记录历史文化内容。许多水文化遗产记录了人类的水事活动，表述了人类与水的关系，广泛流传于民间的神话、传说、史诗、歌谣、文学、故事中含有大量的水事历史题材，是水文化遗产的重要内容。

（2）表征社会发展水平。水文化的历史性、时代性，可以表征古代的总体社会经济发展水平：一方面水事活动可以体现古代社会经济状况、农业生产水平；另一方面通过人与水的协调关系可以透视社会政治、文化艺术和哲学思想。

（3）传承优秀文化成果和精神思想。水文化是中华民族文化的母体文化，融合和集聚了中华儿女优秀的劳动创造和文化成果，是民族文化的精髓。"治国者必先治水"，治水理念经提炼后可以形成治国理念，甚至可以上升为哲学思想，并对宗教信仰、道德文化、人生哲理产生深刻影响。

2. 艺术价值

艺术是人类文明的重要成果，产生于人类活动的各个方面，也包括水事活动。许多水文化遗产中凝聚着人类的艺术成果，有的甚至成为艺术珍品。水文化遗产的艺术价值主要体现在建筑设计、美术工艺、风景园林、文学戏曲等方面。历史上的运河杭州段具有浓郁的文化艺术氛围，运河两岸的街巷弄堂大多沿河而筑，形成了一条条水巷街道，房屋多为骑楼和木楼瓦屋，古桥数量众多，造型精美，船只、码头、茶楼、河埠、仓库林立，杭剧、评话、弹词以及水上的"欢歌渔唱"等民间曲艺盛行，具有运河人家的独特韵味。

3. 科技价值

水文化遗产的科技价值是古人在社会实践中所形成的对自然、社会的认知和创新。我国古代科学技术在世界上占有重要地位，一些水文化遗产充分展示了我国古代社会较高的科技水平。作为世界文化遗产的都江堰水利工程利用河道自然弯道引力，解决了引水、泄洪和排砂的统一性问题，充分展示了我国古代水利工程设计上的科学性和创造性。赵州桥是我国古代拱桥建筑的典型代表，这种桥梁以其独特的构思，不仅节省材料，美观大方，而且便于行洪和通航，具有很高的科学艺术价值。水车、水磨等水利工具也体现了我国劳动人民利用水能进行生产实践和科学应用的智慧。

4. 经济价值

水文化遗产由于凝聚了人类的劳动和智慧，是人类宝贵的物质和精神财富，属于稀缺性文化资源，因此具有重要的经济价值。部分水文化遗产被列为全国重点文物保护单位，作为旅游业和经济社会发展的重要资源，正逐步受到重视，并得到开发利用。文化旅游近些年来发展迅猛，水利部门也在完善和推进水利风景区的建设，努力推进水利文化旅游的发展，水文化遗产在其中发挥了重要的作用。各地通过文化搭台、经济唱戏，起到示范引领的作用，带动了社会经济的发展。

5. 水利功能价值

一些水文化遗产至今仍然发挥着重要的作用，承担着防洪、排涝、通航、灌溉、引水等功能。如京杭大运河仍然是南北水运的重要航道，西湖仍然发挥着区域防洪排涝的重要功能。水利功能价值是水文化遗产的基本价值，历经的年代虽然久远，但其作用仍然不可忽视。

5.3　水文化遗产保护开发策略

水文化遗产保护工作虽然取得一定的成绩，但随着经济社会的发展以及自然灾害等原因，水文化遗产保护状况仍旧面对诸多挑战。

5.3.1　水文化遗产保护面临的挑战

（1）水文化遗产保护重视不够，意识淡薄。文化遗产的保护始于人们对文化遗产的重视和全社会广泛的认同，这项工作起步较晚，社会基础薄弱，面临的形势十分严峻。

1）文化遗产的保护工作是一项投资需求大、覆盖面广、工作量大的社会公益性事业，文化、文物部门作为主管部门开展了大量的工作，但受资金、人力、行业等客观条件限制，保护工作仍然存在着薄弱环节，对水文化遗产的保护长期得不到足够的重视。

2）当前全国各地包括水利设施在内的城市基础设施建设力度空前，许多地方都提出把水作为城市发展和有机更新的重要理念。但许多地方仍把水系治理工作理解为简单的工程建设，只注重水利基础功能，忽视历史文化内涵的现象十分普遍，水文化遗产的保护面临着艰巨的任务。

3）国内水文化遗产宣传主要集中在水文化博物馆、纪念馆内，国内主要媒体对水文化遗产的宣传报道也极少，公众很难从多渠道获得水文化遗产相关知识，导致对水文化遗产保护重要性认识不足、意识淡薄。

（2）水文化遗产保护体制机制有待建立健全。近年来，水文化遗产保护虽然在一定程度上受到了重视，对其投入的力度也越来越大，但保护经费不足的问题仍然非常突出。由于水文化遗产保护工作量大面广、任务繁重，仅靠政府拨款只是杯水车薪，一些重要水利档案、水利地图、水利公文等记忆遗产没有得到有效保护，一些珍贵的物质类水文化遗产也因为缺乏维护经费而日渐损毁。目前，水利部门尚未建立起完整的水文化及水文化遗产的科学评价体系和相关配套政策体系，水文化相关的宣传推广工作体制机制也有待建立健全。当前，对于水文化遗产的研究、保护开发工作尚处于起步阶段，迫切需要得到全社会各方的高度重视，扎实推进各项工作，形成水文化发展所需的良好外部条件。即便水利系统内部，对于水文化遗产的认知也十分模糊，水文化遗产保护工作机制的缺失和监管不到位，导致水文化遗产遭到人为破坏。许多宝贵的桥、堤、闸、坝、堰、井、泉以及沿河重要的水景观、历史建筑、文化古迹被损毁，一批历史上曾经因水而名的水乡小镇已经名不符实，甚至一些蕴含水文化艺术的民间文学艺术因缺乏有效的保护和丧失传承发展的空间和环境，也已失传。水文化遗产属于不可再生资源，一旦破坏便无法有效恢复，保护工作责任重大。

（3）水文化遗产保护工作缺乏科学性、系统性。国内有关文化遗产保护的法律法规体系尚不完善。各地涉及文化遗产的保护开发虽有规划，但执行力度不够，监督机制有待加强。规划当中涉及水文化遗产的内容不全面，理解不深刻，层次性不高，具体要求和工作措施未能在城市水系治理专项规划以及其他建设项目规划中得到充分体现，得不到规范、有序、高效的推进。

5.3.2　水文化遗产保护开发的对策

（1）加大政策扶持力度。我国现阶段有关水文化遗产保护的政策不完善，极大地制约了水文化工作的开展和水文化遗产的保护。因此，要从法律、制度、体制等方面入手，加强对水文化及水文化遗产保护工作的扶持力度。

1）国家和地方要加强对水文化遗产的保护工作力度，要制定完善有关水文化遗产的法律法规和政策制度，从法制层面提高社会对水文化遗产的支持度和保障度，从而为水文化遗产保护工作创造有利的条件。

2）水利部门要加强水文化有关的政策制度的制定完善。纵然当前我国水利发展水平距离现代化要求仍然有很长的路要走，水利发展的基础环境和条件不够完备，全面推进水文化建设的难度较大，但是水文化建设是一项功在当代、利在千秋的艰巨任务，一旦我们错过了水文化发展和水文化遗产保护开发的最佳时机，将可能造成难以挽回的损失并留下历史遗憾。水利行业要充分认识这项工作的危机感和紧迫感，制定出台相应的政策，使水文化得到更好的推广，水文化遗产得到更好的保护。部门之间要加强横向协作，会同文化、旅游部门共同制定有关水文化推广和遗产保护开发的政策制度，制定相关的标准和举措，增强政策的适应性和覆盖面。

3）要建立有效的工作机制和体制。各级水利部门应从行业管理的需求出发，建立起满足水文化事业健康发展需要的工作体制和机制，加大政府资金投入力度，积极培育和探索建立健康、稳定、繁荣的水文化市场机制，可以重点在水利文化旅游、水利博物馆建设等方面进行尝试，寻求结合点，走上良性发展的道路。

（2）实施科学保护和开发建设。

1）制定保护规划，完善保护机制。水利部门应牵头建立水文化保护工作机制，对区域内的水文化遗产进行普查，掌握水文化遗产的种类、数量、分布、生存环境、主要问题等，建立相关数据库，为保护开发工作奠定基础。制定水文化遗产保护专项规划，组织规划的分步实施，并对水利及其他行业涉及水文化遗产的建设项目进行监督，促进保护工作落实到位。

2）加强发掘整理，促进传承发展。有的水文化遗产属于稀缺型资源，特别是非物质文化遗产，能够得到传承已属不易，发展更是无从谈起，如不加强发掘整理和抢救，就有可能失传。

3）注重保护与开发相结合。保护与开发相结合，可以使水文化实现最佳的社会效应。在保护中进行开发，在开发中落实保护，使文化得到更好的展示并对社会进行回馈，也是水文化遗产保护的初衷。如杭州市目前在河道综合保护工程当中遵循"截污、护岸、疏浚、引水、绿化、管理、拆违、文化、开发"的方针，不仅整治河道，还进行沿河立体整治，包括挖掘整理历史文化碎片、开发文化景观资源等一系列措施，使得沿线一大批的历史文化遗产得到了很好的保护和修缮，许多已经成为水上黄金旅游线路的核心景观。

（3）加强宣传推广，提高民众保护意识。加强宣传普及工作，结合"文化遗产日"等活动，广泛介绍水文化遗产知识，增强公众依法保护意识，营造有利于水文化遗产保护的舆论氛围。加强水文化遗产的展示和宣传，把保护、传承水文化遗产与传播先进水文化有机结合起来，通过建设水文化遗址公园、博物馆、技艺展示馆，编撰史志，制作宣传画册、影视专题片等方式，让水文化遗产发挥传承文脉、重现历史、展示技艺、教育陶冶、审美怡情等功能。大力推进传播手段创新，充分利用报纸杂志、广播影视、网络电信等大众传媒资源宣传展示水文化遗产，特别是要充分发挥网络传播的重要作用，不断提高水文化的辐射力和影响力。

5.4　水文化遗产保护开发案例

5.4.1　物质水文化遗产保护开发案例

5.4.1.1　木兰陂

木兰陂位于福建省莆田市南郊，是我国五大著名古陂之一，也是木兰溪

流域最早的控制性水利工程。自北宋后期建成以来，始终发挥着蓄水、灌溉、排涝、挡潮、水运等综合效益。工程建成后，将兴化平原上近 20 万亩的盐碱滩涂改造成稳产良田，将数以万计的百姓从洪水和风暴潮的威胁中解脱出来，有效地推动了莆田地区的社会经济和文化发展。中华人民共和国成立后，尤其是近 20 年来，福建省莆田市加大整治力度，将木兰陂打造成全国文物保护单位、国家级风景名胜区，并使其在 2014 年 9 月列入世界灌溉工程遗产名录。

木兰陂始建于北宋治平元年（1064 年），是莆田社会经济和人民生存发展的需要，也是流域整治的必然结果。由于木兰溪特殊的地形与水文条件，它的建设一波三折，充满了悲壮色彩。

木兰溪是福建中部一条独流入海的中小河流，全长 105km，流域面积不足 2000km²。四周高、中间低的流域地貌，使来自海洋的暖湿气流很容易在爬升的过程中凝结降雨，并迅速通过树枝状的水系汇聚至下游地区；同时也有利于咸潮的溯源侵蚀和台风深入，因此，表面温驯的溪水实际上孕育着极大的洪水和风暴潮灾害，而且这个灾害过程十分迅速、猛烈，治理开发殊为不易。

在魏晋之前，莆田地区人烟稀少，大多数百姓在西部的山区、丘陵过着与世无争的农耕生活。西晋末年"永嘉之乱"后，随着北方流民的大量迁入，致使这里人口增多，耕地资源日趋紧张。从唐初开始，先民们在木兰溪流域兴建了一系列的沟渠、涵闸水利工程，取得了一定的成效。但这些工程大多规模较小，而且建在上游或支流，没有触及山洪和咸潮问题，因此对流域的综合治理来说作用有限。直到北宋时期，莆田社会经济最发达的地区，福建四大平原之一的兴化平原，仍处在木兰溪和海潮的交替影响之下。正如宋人林大鼐在《李长者传》中所言："闻莆田壶公洋三面濒海，潮汐往来，泻卤弥天，虽有塘六所，潴积浅涸，不足以备旱暵。"明代余颺也在《木兰陂志略》中写道："按永春、德化、仙游涸三十六涧之水，由维新里（今华亭、濑溪一带）突流而下，海涛潮汐又从白湖（今阔口港）鼓涌而上。方春夏交，霪涝奔腾，则四郊皆泽国也；若遇秋汛涛翻，则望洋兴叹，四郊又斥卤也。虽有六塘可资潴蓄，然利不胜害，下流之潴蓄不能上流之崩突也。"

只有在下游干流关键部位兴建水利枢纽，上拦洪水，下截咸潮，才是整治木兰溪水害、拯救百姓的根本之策。木兰陂主体工程的建设，经历了钱四娘首倡，林从世续修，李宏、冯智日领导最终建成的三个阶段。

最初兴建木兰陂的，是福建长乐（今属神州）籍女子钱四娘。北宋治平元年（1064 年），钱四娘父亲病逝，她和母亲护送父亲灵柩回乡安葬。此时天降大雨，木兰溪洪水漫溢，致使行程一再受阻。父亲尸骨随时可能腐臭，母亲也因此急火攻心而生病。孤苦的钱四娘在神灵面前发下宏愿，只要次日天晴雨歇，让父亲能够及时归葬，她一定散尽家财，整治水害。结果天遂人愿，钱四娘也在处理完父亲的后事后，变卖家产，携 10 万缗巨资到莆田兴建木兰陂。她将陂址选择在西许村的将军岩前，率领百姓拦截溪流，筑起水坝，并从鼓角山西南开出引水渠灌溉农田。三年后，陂塘建成，却被一场突如其来的大洪水冲毁。悲痛不已的钱四娘投水自尽，与她同时投河的还有年逾六旬的莆田县主簿黎畛。几天后，人们在将军岩下游的一个无名山谷中找到钱四娘的遗体，将其安葬，并在当地兴建了一座香山宫，至今香火不绝。

1068 年，即钱四娘投水自尽的第二年，同为福建长乐人的林从世到莆田游历时听到了钱四娘的故事，大受感动，同样回乡变卖家产，到莆田建陂。结果，仅仅一年时间，他辛苦修建的木兰陂便被一场风暴潮所席卷，破产后的林从世心灰意冷，从此隐姓埋名。

林从世治水失败不久，王安石在全国推行农田水利法，确立了政府主导、民间资本参与、受益区投工投劳的建设体系，在全国形成了"一时四方争言水利"的局面，为木兰陂更大规模的建设提供了历史契机。1075 年，在莆田本地名人——仙游籍的蔡京和他的弟弟蔡卞的努力下，宋神宗下诏招募治水能人，福州义士李宏携 7 万缗入莆治水，他还请来了精通水利的鼓山寺高僧冯智日。李宏和冯智日沿着木兰溪踏勘地质、水情，并且"夕夜截溪插竹为记"，进行了早期的水文试验，确定在钱、林两陂之间兴建一座特殊的大坝，在它的左半部兴建高于正常洪水位的拦河坝，而在它的右半部则兴建潜水坝，这就是今天的木兰陂。在建陂过程中，他们首先在陂的上下游兴建拦河围堰，进行基础开挖，然后以极大的劳力投入于大坝基础和上下游导墙的施工，在泄水闸的闸墩上采用了洛阳桥首创的筏型基础，并为这个溢流孔配备了当时先进的施工工艺——将军柱。同时为了保证陂首的安全，在其上下游近 1km 的范围内进行了加固处理。此外，还在南岸兴建了灌溉渠首——惠南桥（明代以后称回澜桥），让南洋灌区早日受益。一系列的治河举措,致使工程投资远远超出预算,以致不久之后就面对"负锸如云,散金如泥,陂未成而力已竭"的严峻局面。大量劳力在工地坐等投资,工程面临着半途而废的威胁。幸亏蔡京动用政府力量,动员莆田受益区的 14 家大户出资 70 万缗,这项工程才在 1083 年最终完成。

木兰陂工程由陂首工程和渠系工程组成,其中陂首的拦河坝是木兰陂的主体工程。木兰陂的陂首长 219m,由溢流低堰闸和重力坝组成,其中靠南的堰闸长 113m,陂高 3.65m,坝身上原先分设 32 孔,在元代时堵住 3 孔,现存 28 孔堰闸和 1 孔冲砂闸。堰闸孔宽 2.1~2.4m,总宽 70.4m。每个闸墩长 5.5~6m,宽 0.9m;上游坦水长 12m,形成缓坡式,下游护坦为台阶型,长 21.5~32m。陂的南端设冲砂闸,宽 4.2m,闸底比其他堰闸孔低 0.5m,以利于排砂入海,防止淤塞南洋进水口。靠北的重力式坝型,长 138m,坝外坡砌成台阶式,坝顶比堰闸坝墩顶略高,且与呈三角形状的陂埋连成一体。为了保护两岸不受冲刷,引导流向,设置 3 条导流堤。陂南 1 条,介于南洋进水闸(回澜桥)干渠首段与拦河坝、下游港道之间,堤长 227m,导流堤内外两侧岸墙均用长条石丁顺交叉、分层迭砌,堤中夯填黏土,上填一层白灰三合土,顶面再用石板铺砌成为"陂埋"。陂北 2 条:1 条长 113m,用条石丁顺分层砌筑,上连北洋进水闸(即万金桥)下接北陂埋顶端;另 1 条位于重力坝和堰闸坝之间,堤长 56m,与溪流同向,底宽起端 6m,末端 4m,顶宽均为 2.6m,用条石浆砌。

以木兰溪为界,木兰陂的灌溉渠系分为南洋渠系和北洋渠系两部分。南洋渠道的进口为回澜桥进水闸(亦名惠南桥),闸高 3m,双孔,左侧孔宽 2.85m,右侧孔宽 3.25m,正常引水流量为 11m³/s,受益南洋平原渠桥、黄石、笏石、北高 4 个乡镇 77 个村,灌溉面积 7.3 万亩。北洋渠道由总管郭朵尔、张仲仪修建,开挖沟渠与延寿溪下游汇合,原受益 172 个村,灌溉面积 7 万多亩。经过近千年的水流冲刷及环境变迁,沟道普遍淤积变浅,而宽度却明显增加。木兰灌区输水渠道纵横交错、迂回曲折,构成南北洋河网沃野。沟渠水渠面积共 2.2 万亩,可蓄水超过 3100 万 m³,除农田灌溉外,还可满足生活用水所需。

千百年来,木兰溪经受了无数次风、洪、潮的考验,是至今仍发挥着引、蓄、灌、排、挡等效益的古代水利工程。它的建成,推动了木兰溪下游的大规模开发，使原本"蒲草丛生、不长禾苗"的沼泽地，变身成为沃野良田的南北洋平原，使莆田出现了长期、稳定的发展与繁荣，为"文献名邦、海滨邹鲁"的逐步成形营造了坚实的基础。

木兰陂是一项伟大的农田水利工程，也是一项伟大的水文化工程。它的兴建经历了个人倡建到集体建设，再到历代传承的漫长过程，它的几位建设者展现出的"献身、负责、求实"精神，是木兰陂留给后人最大的精神文化财富。

中华人民共和国成立后，尤其是近些年来，莆田市政府高度重视木兰陂生态景观建设，按照防洪规划、水功能区划、水资源保护和恢复河道生态的要求，以保护加固木兰陂为核心，通过抬升重建木兰陂纪念馆、钱四娘庙，修缮回澜桥和南导流堤，建设碑廊、休闲广场等措施，形成了主题明确、功能齐全、风景秀丽、风格纯朴的水利生态景观公园，诠释水的智慧、弘扬水利精神，营造文物建筑所承载的文化内涵。其主要工作有：

（1）木兰陂本体修缮工程。包括南北陂埕表面泥沙杂草清理及陂埕面石复原，南北导流堤堤墙坍塌复原，滚水重力坝坝体坍塌复原以及石缝灌浆处理，堰闸式滚水坝闸墩部分沉降变形调整，提升压顶巨石及过路石板，下游护坦采用软体排及叠砌大条石防冲处理，跌水层缺失散落石砌块修复以及石缝灌浆处理等，修整后的陂顶平顺，蓄水位由原来的 7.14m 抬高到 7.40m。

（2）抬升、重建纪念馆。为有效缓解堤岸高差对木兰陂产生的影响，进一步凸显木兰陂雄伟壮观之风范，保护纪念馆，将纪念馆进行后移抬高，并保证纪念馆朝向与原来保持一致，人工创造地形，与新建防洪堤巧妙结合，按台阶式布置，保证纪念馆高程位于 50 年一遇洪水线以上。

1）木兰陂纪念馆原址位于木兰陂南侧，迁建于清康熙年间，历经近、现代多次维修，保存至今，以纪念修建木兰陂的宋代义士李宏。木兰陂纪念馆为砖木石混合结构，由三门、正殿及两侧连廊组成"回"字形格局，主殿歇山顶，三门经历次维修后，被改造为硬山顶，面阔三间，檐口高度 3.245～3.605m，保留了典型的福建古代传统建筑形式。现在建筑占地面积 324.32m²，建筑面积 299.44m²。

2）钱四娘庙位于新建右岸堤防北侧、木兰陂纪念馆西侧。原建筑是一座因失火焚毁、村民集资重建于 1990 年的民间社庙。抬升重建后的钱四娘庙为砖木石混合结构，檐口高度 3.150～3.780m，室内外高差 0.400～0.620m。原占地面积 257.87m²，原建筑面积 257.87m²，后设计补充，增建后殿和两个连廊，现总建筑面积 402.85m²。

3）冯智日纪念堂建筑面积 255m²，檐高 3.75m。平面为五开间悬山顶建筑格局。迁建工程由原址后移约 14m，东移约 20m，整体抬升约 3m。

（3）交通网络建设。将福厦路经屿上村至木兰陂道路作为主要交通动线，由 324 国道进霞林村，经六部桥、木兰村北部村路，至木兰陂南岸交通作为次要路线，堤岸路作为辅助路线，增强木兰陂的可达性。

（4）木兰陂水利公园建设。木兰陂水利公园于 2010 年 9 月动工，2011 年 6 月建成，工程投资 1600 万元，共征地 183 亩，拆迁房屋 3.8 万 m²，迁移 235 户，人口 920 人，木兰陂水利公园总面积 6.63m²，目前景区免费对外开放，为周边群众、居民提供了原生态的休闲活动场所，有效地保护了水资源和生态环境，已经成为重要的爱国主义教育基地和水利建设的游览胜地。

2017 年，莆田市政府按照水生态文明建设要求，启动了木兰陂生态修复与南北渠连通工程，使木兰陂片区的水利文化、特色建筑文化、独特的山水自然格局进一步提升，让古老的木兰陂水利工程在新时代的大潮中，日益焕发青春活力，为进一步传承和弘扬悠久的水文化谱写新的历史篇章。

5.4.1.2 灵渠

灵渠古称秦凿渠、零渠、陡河、兴安运河、湘桂运河等，是我国古代劳动人民创造的一项伟大工程。灵渠位于广西壮族自治区兴安县境内，于公元前 214 年凿成通航。灵渠流向由东向西，将兴安县东面的海洋河（湘江源头，流向由南向北）和兴安县西面的大溶江（漓江源头，流向由北向南）相连，是世界上最古老的运河之一，有着"世界古代水利建筑明珠"的美誉。

秦并六国（韩、赵、魏、楚、燕、齐）后，秦始皇为开拓岭南，统一全国，于秦始皇二十六年（公元前 221 年），命屠睢率兵 50 万分 5 军南征百越，每军要占领五岭一个主要的隘道，而占领湘桂两省边境山岭隘道的一个军遭到当地民族的抵抗，三年兵不能进，军饷转运困难。秦始皇二十八年（公元前 219 年），秦始皇命监御史禄掌管军需供应，督率士兵、民夫在兴安境内的湘江与漓江之间修建一条人工运河，运载粮饷。灵渠的凿通，沟通了湘江、漓江，打通了南北水上通道，为秦王朝统一岭南提供了重要的保证，大批粮草经水路运往岭南，有了充足的物资供应。公元前 214 年，即灵渠凿成通航的当年，秦兵就攻克岭南，随即设立桂林、象郡、南海 3 郡，将岭南正式纳入秦王朝的版图。

灵渠连接了长江和珠江两大水系，构成了遍布华东华南的水运网。自秦以来，对巩固国家的统一，加强南北政治、经济、文化的交流，密切各族人民的往来，都起到了积极作用。灵渠是秦始皇为统一全国而建，至今已有两千多年的历史，与都江堰、郑国渠齐名，是现存世界上保存最完整的古代水利工程，也是世界上最古老的运河之一。灵渠虽经历代修整，依然发挥着重要作用，彰显了中华民族先人们开山引河的高度智慧，被当代著名学者郭沫若先生称为"与长城南北相呼应，同为世界之奇观"。

灵渠全长 37.4km，主体工程由铧嘴、大天平、小天平、南渠、北渠、泄水天平、水涵、陡门、堰坝、秦堤、桥梁等部分组成，尽管兴建时间先后不同，但它们互相关联，成为灵渠不可缺少的组成部分。

渠首核心历史文化保护区由铧嘴、大天平、小天平、南渠、北渠、泄水天平和陡门组成，设计科学，结构精巧。铧嘴将湘江水三七分流，其中三分水通过南渠流入漓江源头，七分水通过北渠汇入湘江，形成著名的"湘漓分派，湘江北去，漓水南流"，为秦始皇统一全国起了决定性的作用。而陡门则是建筑在南渠、北渠中的一种通航设施，其作用是调节水位，便于航行，类似于现代船闸，曾被世界大坝委员会的专家学者称赞为"世界船闸之父"。

灵渠自古以来就流传着飞来石与三将军墓的神话传说。灵渠始建时，由于妖魔猪婆精经常作恶毁渠，使秦始皇派来修渠的两位主工匠因延误时机被杀，此后第三位主工匠又被派来修渠，在神仙的帮助下，从遥远的四川峨眉山飞来一块巨石，把正在作恶的猪婆精镇压在秦堤之上，永世不得翻身，灵渠终于修建成功了，而第三位主工匠却因不愿独享功名自杀在湘江岸上，于是便有了三将军墓与飞来石的神话传说。时光流逝，沧桑变迁，数千年来，飞来石还默默地静立在秦堤之上，担当着护堤的神圣使命。

水街是指古灵渠流经兴安县城的南北两岸，全长 980m。因为它依灵渠水而成街，所以人们称它为水街。水街是灵渠历史文化景区的重要部分，整个水街主要体现古建筑文化、古桥文化、石雕文化、灵渠文化和岭南市井风俗文化五大部分。这里的古建筑、亭台、古桥、雕塑等载体鲜活地再现着世界上最古老的运河——灵渠曾经的沧桑和辉煌，这里触手可及的市井风情清晰地演绎着中原文化与岭南文化的碰撞和融合。

灵渠两岸风景优美，水清如镜、古树参天、文物古迹众多，已成为桂林著名的旅游胜地。桂林灵渠景区位于漓江上源"中国十大魅力名镇""桂林米粉的发源地"——兴安县境内，北距桂林市 50 余公里。灵渠的开凿，连接了湘、漓二江，沟通了长江和珠江两大水系，从秦朝至民国两千余年来一直是中原和岭南唯一的交通枢纽，促进了中原与岭南的经济文化文明的融合。2012 年 11 月，灵渠被列入世界文化遗产预备名单，广西壮族自治区也出台了灵渠的相关保护办法，2013 年 12 月 25 日《广西壮族自治区灵渠保护办法》已经广西壮族自治区第十二届人民政府第 21 次常务会议审议通过并予公布，自 2014 年 3 月 1 日起正式施行。

近年来，在各级政府部门的支持下，兴安县加强了对灵渠本体的保护力度，并进行了沿岸村屯的风貌改造。2013—2016 年，国家文物局下拨灵渠维修资金 1.66 亿元，全面修缮了大天平、小天平坝面，对铧嘴进行恢复性的修复工作，对秦堤进行防渗补漏等；同时，投入资金 5000 多万元，对灵渠沿岸 10 个村屯及灵渠水街进行了风貌改造；投入资金 600 多万元，修建了灵渠南渠 30km 的休闲绿道。

早在 1988 年，灵渠就被列为全国重点文物保护单位。目前，灵渠已两次被列入《中国世界文化遗产预备名单》。作为人类宝贵的物质文化遗产，伴随灵渠而生的古桥、古亭、石刻、水街引人注目，马仔调、贺郎歌也成为国家非物质文化遗产。通过把灵渠沿途的历史、人文、自然景观、农业产业等进行串联，将打造灵渠全域生态旅游带。

被誉为"世界古代水利建筑明珠"的灵渠，是我国古代海上丝绸之路的重要组成部分，其在促进岭南地区政治、经济、文化等方面有着重要的作用。这条历经千年沧桑的古运河，呈现出往昔的繁华，充分展现了灵渠深厚的历史文化魅力。

5.4.1.3 鉴湖

古越因依山傍海，水系密布，地势低洼，常出现旱时缺水，涝时淹没，潮汐倒灌等自然灾害，越州民众吃尽了水患的苦头。至东汉马臻修筑鉴湖之后，才基本上解决了稽北丘陵诸河对山会平原的洪水威胁，也替山会平原储备了大量的灌溉用水。其工程效益至少持续了 8 个世纪，使山会平原从原来的沼泽连绵、土地斥卤的穷僻之区改变成为一个河湖交错、土地沃衍的鱼米之乡。宋代著名政治家、诗人王十朋赞之为"杭之有西湖，犹人之有眉目；越之有鉴湖，犹人之有肠胃"。

鉴湖创筑于东汉永和五年（140年），系会稽郡太守马臻主持兴筑，东止曹娥，西至钱清，北邻郡城，南界会稽山麓，湖面积约172km²，正常水位的蓄水量约2.68亿m³，是我国长江以南最古老、最著名的人工水利工程之一。围湖大堤总长56.5km，水面约200km²，蓄水量近3亿m³，有"鉴湖八百里"之称。据南朝宋（420—479年）《会稽记》（已佚失）记载，鉴湖"筑塘蓄水高丈余，田又高海丈余。若水少则泄湖灌田，如水多则开湖泄田中水入海，所以无凶年。堤塘周回三百一十里，溉田九千顷"；宋代曾巩《越州鉴湖图序》中也有"溉山阴、会稽两县十四乡之田九千顷"之记。鉴湖分东西两部分，以会稽郡城的稽山门至禹陵驿路为分湖堤，东部称东湖，西部称西湖，以驿路上的三桥闸调节贯通。鉴湖的主体工程为鉴湖塘，以会稽郡城为中心，分东西两段。东段自五云门至曹娥，长36km；西段自常禧门至钱清，长22.5km。据宋徐次铎《复鉴湖议》中记载，鉴湖有斗门8处，闸7处，堰28处，阴沟不可弹举，其配套设施有的是与湖塘同时所建，有的则是后人增筑。随着入湖泥沙及葑草落淤，从宋大中祥符年间（1008—1016年）始，鉴湖出现围垦与复湖之争，至熙宁末年（1077年）已围湖田面积达到九百顷之多，鉴湖面积损失近1/3；宋政和年间（1111—1117年），以越州太守王仲嶷为首，豪强随之，采取了掠夺式围垦，使鉴湖2/3以上面积被垦殖，至宋嘉定十五年（1222年），古鉴湖的绝大部分已被瓜分，失去了调蓄灌溉作用。配套水利工程也随湖湮废，尚有一些作为地名流传下来，如陶堰、皋埠、湖塘、湖西等。

鉴湖古时又称镜湖，也称南湖、长湖、大湖、贺监湖，至宋代改名鉴湖后沿称下来。现存鉴湖属河道式湖泊，西起绍兴县湖塘街道西跨湖桥，东至越城区亭山东跨湖桥，全长19.2km，南北均宽108.4m，最宽处超过300m，最窄处仅十多米，平均深度2.77m，湖面面积2.948km²，容积875.9万m³。鉴湖西通西小江，东连环城河，南有会稽山区诸河之水注入，北岸古称南塘即古鉴湖西湖堤，有众多南北向小河与萧绍运河沟通。鉴湖湖水中含有丰富的钙和微量的锂，水质清洌，取其湖水酿造的绍兴酒，味醇香郁，享誉中外。

近年来，绍兴市对鉴湖进行了综合整治，项目以鉴湖为主线，东起偏门大桥，西至壶觞大桥，全长 5.35km，规划面积 125.92hm²，总投资 97309 万元。通过整治，将鉴湖建设成为绍兴地方历史、风光、民俗风情等集中展示的标志性地区，水上旅游最重要的游线之一，周边居民休闲健身的公共水岸空间。

绍兴市鉴湖水环境综合整治工程分三期实施。一期工程东起漓渚铁路桥，西至壶觞大桥，整治长度 3.35km，整治面积 81.58hm²（包括鉴湖水面整治 65.49hm²），总投资 2.38 亿元，其中工程建安投资 1.29 亿元。工程于 2009 年 12 月开工，2011 年 5 月完工。新增建筑面积 11856m²，整治河坎 8570m，新增绿地 12hm²，并对偏门桥至壶觞大桥鉴湖整治段进行清淤，累计清淤量达 25 万 m³。二期工程东起偏门桥，西至漓渚铁路桥，整治长度 2km，整治面积 10.67hm²（包括修缮保护区 1.12hm²），总投资 3.55 亿元，其中工程建安投资 1.89 亿元。工程于 2011 年 12 月开工，2013 年年底完工。新增建筑面积 34524m²，修缮民居 149 户，共 8260m²，整治河坎 4237m，新增绿化面积 4hm²。三期工程位于胜利西路北侧，绍齐公路东侧。规划实施面积 12.8hm²，总投资 3.8 亿元。工程于 2015 年 12 月开工，2017 年 4 月完工。先期启动核心区建设，核心区用地面积 3.33hm²，概算投资 2.48 亿元，其中工程建安投资 9028 万元。新增建筑面积 11515m²，河岸线布置 1186m，新增绿化面积 2.19hm²。

在做好水环境改善工程的同时，充分做好历史文化的传承工作。其中一期工程以"挖掘鉴湖诗歌文化"为主线，沿河建设了钟堰问禅、快阁揽胜、鉴湖诗廊、画桥秋水、渔耕晚唱等公园景点；二期工程以打造"江南文化复兴示范区"为主题，对马太守庙和马太守墓进行保护性修缮，沿线建成飞虹近月、山阴古街、南山画界、湖山太守等十景，营造古山阴道和鉴湖水系的如诗画境；三期工程以"研究陆游诗词，还原田园风光，品味南宋生活；解读宋代书画，再现江南乡村，体验三山胜景；继承民居形式，传承古代村落文化"为工作思路，通过研究陆游诗词和文史资料，初步掌握了南宋时代陆游故里的大致风貌及建筑特点，并努力在工程项目的实施过程中对这些历史元素进行展现，使项目在发挥本身水利功能的同时，兼具历史文化特别是越地陆游文化的传承和发扬，打造一个独具江南风情的爱国主义教育主题公园。

5.4.1.4 湖州太湖溇港

在太湖沿岸，一条条水道自太湖向内陆延伸，在广袤的大地上呈现出纵横

交织的水网。这是一个古老而庞大的水利工程系统，称为溇港。溇港是古代太湖流域劳动人民在与洪涝、干旱的较量中，开渠排水、培土造田，变滨湖湿地滩涂为膏腴沃壤的一项独特创造，是先民在认识和改造自然的过程中创造的适应太湖沿岸地势低洼、河网密布等水土资源特点的水利工程体系，它包括匠心独运的湿地排水技术、横塘纵溇的独特结构和设计简洁巧妙的水利工程建筑群。这一水利系统至今已运行了近 2000 年，其独特的架构、宏大的规模、科学的设计，代表了农耕文明时代水利水运工程技术发展的最高水平，在我国水利史上的地位可与四川都江堰媲美。地处太湖南岸的湖州便是生发于溇港圩田之上的一座水乡城市，因湖而名，因溇而生，因港而兴，是太湖溇港发端最早、体系最完善、特征最鲜明、存续时间最长和唯一完整留存至今的地区，是名实相符的溇港古邑。

太湖南岸山环水绕，考古挖掘证实距今 100 万年前就出现了人类活动的踪迹。至春秋战国时期，太湖流域成为吴、越、楚逐鹿的主战场。为应对旷日持久的战争和军事攻防需求，交战各方均在边境布下了重兵。太湖流域逐步开始了屯兵和屯田的实践。两晋时期，北方战乱造成了我国历史上几次人口大转移，湖州成为中原人士南迁的一个重要选择，湖州人口急骤增加。东晋吴兴郡（湖州古称）太守殷康修筑荻塘，其北侧为太湖滩地，需修筑溇港排水。这是历史上第一条具有防洪功能的环湖大堤，将太湖与荻塘南岸的平原水网地区分割开来，同时也为荻塘以北滨湖淤滩的开发、横塘纵溇的修筑打下了基础。

湖州所在的苕溪冲积平原本为天目山与太湖之间的狭小平原，这里的河道短促，水流较为湍急，溇港系统充分运用东、西苕溪中下游地区众多湖漾进行逐级调蓄，"急流缓受"，以消杀水势。通过人工开凿的东西向河道，如荻塘、北横塘、南横塘等使"上源下委、递相容泄"，使东、西苕溪和平原洪水经溇港分散流入太湖。而以自然圩为主体修筑"溇塘小圩"，使原有河网水系基本不受破坏，发挥河网水系的调蓄、行洪和自我修复功能。

庞大细密的溇港系统，除却纵横交织的水道，亦包括水闸、桥梁等细节，这些细节中蕴藏着非同寻常的机巧和智慧。在每一条溇港水道汇入太湖的尾闾处均设有水闸，是溇港系统中由人力操作的关键部分。溇港上游区域遭遇洪涝时，水闸开启，泄涝入太湖而不使为患；太湖遇涝水涨之时，水闸关闭，防止湖水内侵害田；旱季，溇港水位降低，水闸开启，引太湖水流入溇港，供圩田上的居民生产生活之用……依靠水闸的调节，溇港中始终可以保持较为稳定的水位，实现了北宋范仲淹所说的"旱涝不及，为农美利"。

在溇港的入湖处，还蕴藏着另一个精妙细节。从空中俯瞰太湖南岸，可见湖州诸溇港入湖河道均整齐地折向东北方。每年冬季，太湖湖区盛行西北风，风携水、水裹沙，直扑南岸。溇港入湖口朝向东北，溇港所泄的水流就可以从侧面将南下泥沙重新冲入湖中，防止泥沙长驱直入、停淤河道，实现了自动的防淤功能。

此外，溇港下游河道两岸也暗藏玄机。这里的桥梁往往跨度窄小，将入湖的溇港河道突然收窄，形成了溇港"上游宽、尾闾窄"的独特河形。河水在从宽河流入狭窄的尾闾之时，为窄岸所逼，流速骤然增加，疾速冲向太湖，使水中泥沙激荡尽净，大大降低了溇港的疏浚成本，其巧夺天工的设计与现代工程流体力学的相关原理不谋而合。

"一万里束水成溇，两千年绣田成圩"。打开湖州地图，可看见一条条南北向的河道伸向太湖，称作"溇"；一条条东西向的河道横贯其间，称作"塘"，横塘纵溇之间的岛状田园称作"圩田"，如梳齿般繁密的溇塘河道与星罗棋布的岛状圩田构成了棋盘式的溇港圩田系统。以溇为经、以塘为纬的棋格中间，是一块块圩区。三四平方公里的土地上，分布着村庄、田地和水塘。因为狭小，每一寸土地都被精打细算。圩田土地高低不平，人们便在低洼的地方养了鱼、虾、蟹，中间不高不低的地方种上了水稻，高的地方则种了蔬菜。田地、水塘间的狭小阡陌也被利用起来，种植养蚕的桑树。河塘里每年需要清理的淤泥，是稻田和桑树最好的肥料，桑叶用来养蚕，蚕粪又可以增加田地和鱼蟹塘的肥力。稻田、蔬菜、鱼蟹、桑地，环环相扣，相互依存。这种水下和陆地互为循环的人工生态系统，堪称我国农耕社会高级的农业形态。

据记载，鼎盛时期，太湖岸线有超过300条溇港。由于各种原因，大量的溇港因堵塞被废弃。发端最早、持续时间最长的湖州境内的74条溇港因规模适度、政府重视、顺应自然等原因被保存下来，仍在发挥作用。而湖州境内的圩田，自1950年起，经历了多次圩区调整，数量由7000多个调整为946个，大部分为规模小于$3km^2$的小圩区。

溇港系统不只是一项水利工程，更催生了具有鲜明地域特色和深厚人文积淀的溇港文化景观，如古代聚落、古代水利建筑和相关传统习俗等，是先辈留下的丰厚而宝贵的历史文化遗产。

义皋村位于湖州织里东北 6km，北靠太湖，是太湖溇港市集村落"夹河为市，沿河聚镇"聚落形态的典型，被誉为"溇港文化带里的明珠"。这里不仅是湖州原生态古村落建筑保存数量最多的地方，如今更是周围几十个乡镇、数百个村子的蚕茧搜集织丝之地。

太湖溇港见证了太湖流域自然、社会的变迁，是诗画江南、太湖水乡和吴越文化的"活化石"，具有突出的历史文化价值和旅游开发潜力。2016 年，湖州政府通过了《太湖溇港水利遗产保护与利用规划》，保护对象包括南太湖堤防工程、溇港横塘、圩田系统以及其他相关遗产。2016 年，湖州太湖溇港入选世界水利灌溉工程遗产名录；2017 年，太湖溇港被评为国家水利风景区；2019年，太湖溇港被列入第八批全国重点文物保护单位。作为太湖溇港水利灌溉工程主要节点的义皋村，2014 年同时被列入中国传统村落和浙江省历史文化保护村落名录。

近些年来，湖州市建设溇港骨干工程，拓浚骨干溇港，完成了太湖流域水环境综合治理四大重点水利工程，完成拓宽罗溇、幻溇、濮溇、汤溇 4 条入湖骨干溇港 56km，溇港水利功能大幅提升，水生态环境明显改善。对景区内纵溇横塘开展了全面治理，完成溇港片区 206km 河道的整治任务。实施纵溇横塘清淤，目前已完成溇港区域内清淤河道 88km、清淤方量 180 万 m^3。实施生态护岸工程，按"美丽乡村建设的样板区、滨湖乡村旅游的先行区"的要求，全面提高溇港生态整治标准，建成生态护岸 50km。利用好太湖水资源，建成长16km、宽 100m 的滨湖大道。在沿太湖杨溇、汤溇、幻溇、许溇等入湖口建设了一批反映南太湖农耕文化的系列景观小品，为游客提供良好的视觉享受和优美的生态体验，形成了有浓郁太湖风情的滨湖"美水"景观带。建成"义皋太湖溇港文化展示馆"，详细介绍太湖溇港及圩田系统的自然环境、发展历史、水利功能、区域民风民俗等内容，通过展览，零距离接触溇港这部千年水利巨作，品味溇港文化独有的魅力。义皋村正紧紧围绕南太湖滨湖区域一体化发展战略，以"三村一景区"创建为目标，围绕溇港文化保护开发这一主线，以义皋村为中心大力发展文化体验游、农业观光游、休闲度假游等业态，全力打造世遗溇港文化实景地、中国农耕文化智慧地、江南乡村旅游目的地。并将投资 30 亿元，打造水乡民俗风情运动区、古村落文化体验区、创意农庄休闲娱乐区、特色生态农业观光区四大功能区，将风景区建设成为集水乡观光、休闲运动、田园娱乐、古村度假多功能于一体的溇港水乡特色旅游休闲目的地。

5.4.2 非物质水文化遗产保护开发案例

5.4.2.1 傣族泼水节

傣族泼水节又名"浴佛节"，傣语称为"桑堪比迈"（意为新年）。西双版纳傣族自治区和德宏傣族景颇族自治区的傣族又称此节日为"尚罕"和"尚键"，两名称均源于梵语，意为周转、变更和转移，指太阳已经在黄道十二宫运转一周开始向新的一年过渡。泼水节一般在傣历六月中旬（即农历清明前后十天左右）举行，是西双版纳最隆重的传统节日之一。2006 年 5 月 20 日，傣族泼水节经国务院批准列入第 批国家级非物质文化遗产名录。

傣族系百越族群的后裔，长期以来形成的农耕稻作文化，使傣族先民对水形成了一种莫名的情愫并心存感激，傣族人民对水神、河神的祭祀就是最好的佐证。泼水节源于印度，是古婆罗门教的一种仪式，后为佛教所吸收，约在公元 12 世纪末至 13 世纪初经缅甸随佛教传入我国云南傣族地区。随着佛教在傣族地区影响的加深，泼水成为一种民族习俗流传下来，至今已有 700 年的历史。《中国风俗辞典·泼水节》写道："此节日起源于印度，后随小乘佛教传播，经缅甸、泰国和老挝传入我国傣族地区，故又称'浴佛节'。"

傣族泼水节为期 3～4 天，第 1 天为"麦日"，类似于农历除夕，傣语叫"宛多尚罕"，意思是送旧，此时人们要收拾房屋，打扫卫生，准备年饭和节间的各种活动；第 2 天称为"恼日"，"恼"意为"空"，按习惯这一日既不属前一年，亦不属后一年，故为"空日"；第 3 天是元旦，叫"麦帕雅晚玛"，人们习惯把这一天视为"日子之王来临"；第 4 天是新年，叫"叭网玛"，敬为岁首，人们把这一天视为最美好、最吉祥的日子。

到了泼水节，傣族男女老少穿着盛装，用鲜花绿叶供奉佛寺，在寺院中堆沙造塔，诵经念佛。中午，妇女们在院中担来清水为佛像洗尘，求佛灵保佑。"浴佛"完毕，群众性的泼水活动就开始了。《车里》一书中有记载："元旦之晨，所有贵族平民，皆沐浴更衣，诣佛寺赕佛。妇女辈则各担水一挑，为佛洗尘，由顶至踵，淋漓尽致，泥佛几为之坍倒。浴佛之后民众便互相以水相浇，泼水戏之能能事。"泼水分文泼和武泼两种，文泼是对长者的泼水方式，泼水者口念祝词，用橄榄枝蘸上清水，轻轻地向长者的头上、身上洒几滴。武泼则无固定形式，用脸盆、水桶装水直接泼到对方身上。泼水是傣族的一种祝福仪式，人们希望用圣洁的水冲走疾病和灾难，换来美好幸福的生活。因此，一个人被泼得越多，表示受到的祝福越多。

泼水节的内容，除了泼水，还有赶摆、丢包、赛龙舟、浴佛、诵经、章哈演唱和孔雀舞、白象舞表演等民俗活动和艺术表演。泼水节展示的章哈、白象舞等艺术表演能给人以艺术享受，有助于了解傣族感悟自然、爱水敬佛、温婉沉静的民族特性。此外，还举办经贸交流、边交会等新的活动，由泰国的小商人过来买卖当地特色、小吃，以此增加两国的友谊，意义重大。边交会一般持续三天，泼水节的前三天都有，此后还增加了民俗考察等。

1961 年 4 月中旬，周恩来视察云南西双版纳，穿起傣族服装在景洪城与傣族、布依族等群众共度傣族新年——泼水节。近年来，傣族泼水节活动愈来愈丰富多彩，参加人数也逐年增加。如 2019 年西双版纳泼水节系列活动主要有五大庆典活动，四场文艺晚会，同时设置告庄西双景、融创旅游度假区、景洪城投三个分会场和一个西双版纳"雨林逐梦"美术展，展现西双版纳绚丽多彩的民族文化遗产的魅力。

傣族泼水节，主要流行于云南省德宏、西双版纳、耿马、孟连等地的河谷平坝地区，以及景谷、景东、元江、金平等县和金沙江流域一带。此外，阿昌、德昂、布朗、佤等族过这一节日。东南亚的柬埔寨、泰国、缅甸、老挝等国也过泼水节。泼水节是全面展现傣族水文化、音乐舞蹈文化、饮食文化、服饰文化和民间崇尚等传统文化的综合舞台，是研究傣族历史的重要窗口。泼水节是加强西双版纳全州各族人民大团结的重要纽带，对西双版纳与东南亚各国友好合作交流，对促进全世界社会经济文化的发展起到了积极作用。

5.4.2.2　大禹祭典

大禹，是我国传说中远古时代的治水英雄，是中华民族立国之祖的象征。《史记·夏本纪》记载，"帝禹东巡狩，至于会稽而崩"。大禹埋葬在绍兴，在绍兴，有关大禹的陵庙历史，延续 4000 多年。

大禹陵是个庞大的建筑群，由禹陵、禹祠、禹庙三部分组成，占地 40 余亩，建筑面积 3000m²，高低错落，各抱地势，气势宏伟。1996 年，大禹陵被国务院公布为全国重点文物保护单位。1997 年，大禹陵又被中宣部列为全国百家

爱国主义教育示范基地。2009 年，大禹陵所在的会稽山景区被评为浙江省首批
生态旅游示范景区。

禹陵为大禹之葬地，以山为陵。明洪武年间，即被钦定为全国 36 座王陵之
一。明嘉靖年间再次考定墓址，由绍兴知府南大吉立碑，并书刻"大禹陵"三
字于其上，覆以亭。禹庙在大禹陵北侧，相传最早为禹之子启所建。正中央大
禹塑像高 5.85m，执圭而立，神态端庄。两侧楹柱有"江淮河汉思明德，精一
危微见道心"巨联，系沙孟海据康熙所撰原联重写。殿脊间有康熙手书的"地
平天成"四个遒劲大字。大禹崩葬会稽后，即开始有了守禹陵、奉禹祀的活动，
以后历时数千年，承传不绝。

祭禹之典，传说发端于夏王启。会稽之祭禹不仅历史悠久，而且包含皇
帝御祭、皇帝遣使祭、地方公祭、民祭、族祭等多种形式。四千多年来，大
禹陵总是俎豆千秋，玉帛相接，清庙巨丽，祭祀绵亘。历代祭禹，古礼攸隆，
影响巨大。自公元前 2059 年左右，大禹子夏王启开端，祭会稽大禹陵已有定
例，夏王启首创的祭禹祀典，是中华民族国家祭典的雏形。公元前 210 年，
秦始皇"上会稽，祭大禹"。历代以来，由皇帝派出使者，帝沐赉礼来会稽祭
禹者更多。宋太祖颁诏保护禹陵，开始将祭禹正式列为国家常典。明清两朝
的祭禹仪式和制度最为完备，典礼也最为隆重，两朝祭禹活动各达 20 多次。
明代，遣使特祭成为制度，凡是一个皇帝登基的时候，要派遣大臣到大禹陵
祭祀，表示崇敬。1689 年，康熙祭祀大禹，题"地平天成"。1751 年，乾隆
帝又亲临绍兴祭禹。民国时改为特祭，每年 9 月 19 日举行，一年一祭。1995
年 4 月 20 日，浙江省和绍兴市政府联合举行了"浙江省暨绍兴市各界公祭大
禹陵典礼"。这是中华人民共和国成立以来对大禹陵的第一祭，也是 20 世纪
30 年代后期停祭以后的第一祭，承续了中华民族四千年来尊禹祀禹的传统，
翻开了中华人民共和国祭禹的新的祭祀典章。此后，每年举办祭奠活动，
每年一小祭、五年一公祭、十年一大祭。2006 年 5 月，大禹祭典被国务院
列入国家级非物质文化遗产保护名录。2007 年 4 月 20 日，文化部与浙江省
政府共同主办公祭大禹陵典礼，成为中华人民共和国成立后的国家级祭祀
活动。

国家公祭大禹陵典礼采用古代最高礼祭——"禘礼"形式进行；9 点 50 分
开始，意寓"九五之尊"，表达对大禹这位人文始祖、立国之祖的尊重。仪式主

要分为 13 项议程，分别为肃立雅静、鸣铳、献贡品、敬香、击鼓撞钟、奏乐、献酒、敬酒、恭读祭文、行礼、颂歌、乐舞告祭、礼成等。整个议程紧凑规范，典礼仪式近一小时。其中鸣铳 9 响，寓意大禹平洪水、定九州的不朽功绩；鼓手擂鼓 34 响，表达全国 34 个省、直辖市、自治区和港澳特别行政区对先贤的缅怀；撞钟 13 响，传达出 13 亿中华儿女对先祖的绵绵追思。典礼后，祭祀人员前往大禹陵举行谒陵仪式。公祭典礼参加人员分主祭、主参祭、参祭。公祭典礼在环境布置和氛围营造上，注重统一性、协调性和庄重性。在典礼开始前，吹打乐队、舞龙、舞狮队、仪仗队等都将进行表演迎宾，以烘托热烈的气氛。此外，参加祭祀活动人员将统一佩戴黄色佩巾和节徽，显示其庄重性和整齐性。

大禹在治水和立国的大业中所表现出来的伟大的大禹精神，是中华民族优秀传统文化的重要内容，成为千百年来激励一代又一代中华儿女为民族振兴、国家繁荣前赴后继、奋斗不息的精神支柱。大禹陵庙几千年祀典相继，是后人学习大禹明德、弘扬大禹精神的明证，是弘扬民族精神的重要举措，对中华民族起着无可替代的凝聚作用。大禹陵祭典的制度和礼仪包括祭品、祭器、祭乐、祭舞和祭文等，蕴含了十分丰富的民族传统文化的信息。

绍兴市以公祭大禹陵典礼，带动中国兰亭书法节、绍兴风情旅游节、中国绍兴茶文化节等，实行一节带多节，整合节会资源，实现资源共享，并充分展示绍兴融江南水乡、历史文化和现代文明于一体的地域特色和风貌。

5.4.2.3　端午节（蒋村龙舟胜会）

农历五月初五的端午节是我国传统节日，又名"重午""端五""蒲节"等。"端"有"初"的意思，故"初五"称为"端五"。夏历（农历）正月建寅，按地支顺序，五月恰为午月，加上古人常将五日称作"午日"，因而"端五"又称"重午"。端午节习俗遍布全国各地，主要流行于广大汉族地区，壮、布依、侗、土家、仡佬等少数民族也有过端午节的习俗。

端午节的起源有许多传说，如纪念屈原投江、越王勾践训练水师、纪念伍子胥投钱塘江、曹娥救父等，这些说法经过历代加工，与端午民俗活动结合在一起，形成中华民族独特的一种节日习俗。

端午节的主要活动包括纪念历史人物、划龙舟、吃粽子、贴端午符剪纸、挂艾草菖蒲、佩戴香包等避邪物及以兰汤沐浴等，此外还有斗草、击球、射柳等游戏。在这些活动中产生了一些相关的器具、制品及食品，其中以龙舟、粽子、五毒图、艾草菖蒲、钟馗画、张天师画、屈原像等最为常见。

蒋村龙舟竞渡的起源和水患有关。相传，唐朝时，蒋村地区河港纵横，水网密布，人烟稀少。每当入夏，都会遭受西来山洪的侵袭。人们在入夏之际供奉龙王，将其恭请下船，巡游河港，求其不再发大水肆虐百姓，伤及河田。到了明代，西溪有位告老还乡的洪尚书，见家乡的水患不去，便带领乡亲修西溪大塘，疏沿山河、余杭塘河，开闲林港、何母港、五常港、御林港和紫金港，水患从此不再。每年端午，西溪各乡村的大小龙舟都汇集到蒋村的深潭口村举行龙舟比赛，自此，蒋村龙舟声名鹊起。到了清朝，乾隆皇帝巡江南时，闻得蒋村龙舟的盛名，特意在端午节这天来到钱塘西溪深潭口村观龙舟竞渡，并御封河渚（今西溪）龙舟胜会，蒋村龙舟遂得盛名，有诗曰"涛波竞舟庆丰年，河渚破浪祈社安"。从此，蒋村"龙舟胜会"之称谓一直沿用至今。自明代开始到现在的数百年间，每年端午节的龙舟胜会是蒋村村民的一大传统习俗，端午的龙舟胜会从未间断过。

每年的农历四月廿四开始，至五月十三小端午止，乡民们自发在村里请龙王、供龙王、谢龙王、吃龙舟酒，求龙王不要发大水。端午节当天为高潮，家家包粽子、吃粽子；户户门前挂艾叶、菖蒲、桃枝、大蒜、灰粽子；吃"五黄"，即雄黄酒、黄鱼、黄瓜、黄鳝、咸鸭蛋中的蛋黄；挂香袋；新出嫁的女儿家，这天要备粽子、毛巾、扇子等送至男方家，并将物品分发给亲友，俗称"赞节"。每年端午节这天，已经请过龙王、供过龙王的村民们，都会自发赛龙舟。蒋村龙舟胜会有别于其他地方，它不赛速度赛表演。其高潮之处，便是"胜漾"：每条龙舟要先划遍深潭口的四周，休息片刻后，再到深潭口中间原地做 360°旋转（俗称"转泥坝"）。随着桨手在鼓声的指挥下奋力往前划，艄公的一蹲一起，龙舟头上浮与下沉压出漂亮的水花，看上去就好像水从龙嘴中喷出形成"龙吐水"，胜似真龙再现，极具观赏性。狭窄的河道里，百余条龙舟在那儿打转，你挤我拥，两艘船靠得近了，岸上的观众就会发出喝彩声，这时，两艘船就会卖力表演，定要和边上的船争个上下。龙舟胜会结束后，村民们以村为单位聚在一起吃龙舟酒。蒋村当地有"端午大如年""划龙舟体强庆丰年，观龙舟吉利保平安"的说法。

自 2008 年开始，杭州西溪国家湿地公园每年都会举办杭州西溪龙舟文化节，举办龙王祭祀、蒋村龙舟胜会、五常龙舟胜会、高校龙舟赛、国际龙舟赛等活动，以及皮影戏、越剧、船拳等民间传统演艺和各类端午民俗体验活动，现已成为杭州旅游的一张金名片。

5.4.2.4　妈祖祭典

湄洲岛位于福建沿海的湄洲湾口，属福建省莆田市，这里是四海共仰的海神妈祖的故乡，是妈祖文化的发源地。目前世界上 20 多个国家和地区及国内 30 个省市的 500 多个县、市建有 5000 多座颇具规模的妈祖分灵庙宇，恭祭妈祖的民众近两亿人，每年前往湄洲妈祖祖庙朝拜的海内外游人超过 100 万人次。

妈祖文化起源于北宋初期，至今已有 1000 多年的历史。妈祖祖庙祭典在每年农历三月二十三日妈祖圣诞之日举行，行祭地点设在湄洲祖庙广场和新殿天后广场。祭典全程约需 45 分钟，规模有大、中、小三种，其程序包括擂鼓鸣炮，仪仗仪卫队、乐生、舞生就位，主祭人、陪祭人就位，迎神上香，奠帛，诵读祝文，跪拜叩首，行初献之礼、奏和平乐，行亚献之礼、奏乐，行终献之礼、奏乐，焚祝文、焚帛，三跪九叩，礼成。

妈祖祭典习俗历史悠久、影响深远，尤其在我国大陆沿海和港澳台地区，以及东南亚一带，妈祖形象可谓深入人心，老少皆知。湄洲妈祖文化习俗自成一体，内容独特，有研究和保护价值，尤其是在进一步促进闽台两地交流方面能发挥很大的作用。在世界各地数千座妈祖宫庙当中，台湾就有妈祖庙 1000 多座，妈祖在台湾被尊为"天上圣母"。

2004 年 10 月，中华妈祖文化交流协会在福建莆田湄洲妈祖祖庙成立，为海内外妈祖文化机构和人员开展学术研究、进行联谊交流、弘扬妈祖文化、增进理解共识等提供重要平台。

在漫长的传承演绎进程中，妈祖文化逐步传播至我国的沿江、沿海和港澳台地区，并随着华侨、华人的脚印逐步传播到世界上的五大洲 20 多个国家。妈祖文化对世界华人具有很强的凝聚力，特别是在东南亚地区有着很大的影响。妈祖文化经过千年岁月，已经成为中华民族优秀传统文化的重要组成部分，并且成为联系海内外华人、沟通世界各地的文化桥梁和精神纽带。

第 6 章

河塘湖库的水工程文化建设

6.1 水文化融入水工程建设的途径

水利建设不仅要承担蓄水抗旱、防洪排涝、供水发电等除害兴利功能，还要体现先进设计理念，展示建筑美学，营造水利景观，承载文化传承功能，要把当地人文风情、河流历史、传统文化等元素融合到水利工程建设中去，提升水利工程的文化内涵。

水利部印发的《水文化建设规划纲要（2011—2020 年）》中提及"要用现代景观水利的理念和现代公共艺术、环境艺术设计思路与手段去建设和改造水工程"。

体现水工程的文化功能就是要把具有历史文化底蕴或充满鲜活时代文化气息的元素融入水工程建设与管理的全过程，从而彰显出水工程的文化内涵与品位。对此，要抓好规划、设计、施工和管理四大环节，做到高起点规划、高标准设计、高质量施工和高水平管理。

6.1.1 文化元素融入水利规划

只有文化元素丰富、文化品位高档的规划才是高起点的水利规划。把先进的文化元素融入水利规划，应把握好四个重要环节。

6.1.1.1 融入规划的规程、规范和法规

水利规划是水工程项目的规模和功能的根本依据，经审查通过，具有一定的法律约束力。水利规划的规程、规范是指导水利规划工作最基本的法规性文

件。我国已经制定了十多个水利规划的规程、规范。但是这些规程和规范大多数对文化水工程的规划、设计标准或定额考虑较少。要提升水工程的文化品位，就应该修订相关的规程，增加有关水工程文化内涵的具体规定。同时应该编制水工程文化建设规划编制导则、评价标准，为水工程文化的规划、设计、施工、验收提供技术支撑。水利部 2009 年颁布的《城市水系规划导则》已将"水环境、水景观、水文化等需求"列入了规划"应遵循的原则"之中，这是做好水工程规划的重要规程，对其他水利规划都有借鉴作用。为了把先进的文化元素融入到水利规划中，还应在有关水利法律法规修订时，增设水工程文化建设、管理、保护的规定，为文化水工程建设提供法律支撑。水利规划的规程、规范制定包含文化的要素可概括为：河流两岸生态化、节点景观化，水库坝体艺术化、环境自然化，闸站主体雕塑化、环境景观化，枢纽工程形象化、环境区景观化，湖泊工程环境湿地化、近湖秀美化。

6.1.1.2　融入规划的目标

规划目标即满足国家或地区对水利的某种要求。水利规划有多目标的，也有单目标的，无论是哪种情况，都应把优美的水环境、带有艺术的水工建筑等水文化内容作为规划的目标要求，提高国家或地区对水利要求的满足程度。

江苏省泰州市在 2001 年编制的泰州市城市（主城区）防洪及河道综合整治规划中，明确提出了包括水利工程和人文景观两大方面的规划目标。其中，人文景观布置了 9 大景区 32 个景点，规划包括了指导思想，预期目标，工程品位，布置、营造技法等非常详尽的内容。与此同时，为了使规划目标和任务更加清晰，泰州市还在规划总思路中绘制了泰州市防洪及河道整治规划图之人文景观布置图，开创了在水利规划中绘制人文景观布置图的先河。按照规划总思路，泰州市编制了《泰州市主城区水系综合整治规划》，并精心进行了文化景观设计与施工，将规划蓝图变成了美好现实。

与泰州市相似的还有山东省滨州市。2005 年年初编制的《山东省滨州市城市水系规划》明确提出了"六横五纵、四环五海、三十六名桥、七十二湖、一百零八景"及在"五海"打造"天、地、人、情、水"的规划目标。通过"四环五海"（四环，即环城公路、环城水系、环城绿化带、环城景点；五海，即东海、西海、南海、北海、中海 5 座水库）的打造，一个以林为韵、以水为魂的生态滨州已呈献在世人面前。

6.1.1.3　融入规划的评价指标

水利规划的综合评价是对水利规划中的不同方案实施后产生的经济、社会、环境效益进行的全面分析对比，衡量得失，提出推荐意见，供决策时选择。这种综合评价都有经济、社会、环境的评价指标。在水利规划综合评价中，要充分考虑规划中水文化项目对经济、社会、环境等方面的影响，将其纳入评价指标体系。一般而言，水利规划综合评价指标分为经济影响和社会环境影响两方面。在水利规划经济影响评价中，过去主要侧重于对防洪、灌溉、供水、航运、发电等方面的考量；现在还需要分析工程建设中注入的水文化元素对旅游、文化产业等带来的经济效益。在社会环境影响评价中，增加水文化元素对提升某一区域（特别是城市）"软实力"的影响分析，如在规划实施后的社会效益中，增加公共文化休闲场所面积、游览点数量、水上风情区形成以及文化景观资源组合所产生的合力效应等内容。当然，还包括生态环境效益，如提升地区形象、改善受污染区域、优化居住环境、保护生物多样性或稀有物种等内容。只有在水利规划评价体系中增加水文化效果的评价指标，才能促使规划主管、编制单位（部门）和参与人员重视这方面的工作，自觉地将先进的、有特色的、有创意的文化融入水利规划中。

6.1.1.4　融入各种不同的水利规划

水利规划的种类很多，如中长期综合规划、流域规划、地区规划、专业规划等。在这些规划中都要根据社会经济发展状况和社会需求，把提升水文化品位作为重要内容和要求融入水利规划中，使水工程最大限度地发挥经济、社会和生态效益。

6.1.2　水工程的文化设计

水工程设计是根据上位水工程规划的要求描绘水工程施工建设的依据和蓝图。水工程的文化品位在很大程度上是通过工程设计来实现的。

6.1.2.1　融入多元的文化元素

设计单位在编制可行性研究报告时，应进行水工程文化的社会调查，要对历史文化、地域文化、风俗民情、名人轶事、传说故事、风景名胜、宗教信仰、建筑风格、娱乐方式、休闲风气、交通能力、自然风光、文物遗址、旅游状况等方面的材料进行广泛搜集，并把这些多元化的文化元素有机地融入工程设计中，同时要提出施工的方法、工程进度及概算。

6.1.2.2 融入深刻的思想内涵

水工程的思想内涵主要包括哲学思想、治水理念、治水思路与方略等。"人水和谐""天人合一""天人感应""道法自然"等哲学思想在我国古代的水工程中得到广泛运用。这里的"天""道"和"水"是指大自然的客观规律；"合一""和谐"和"感应"是指对大自然客观规律的认识、掌握和适应。都江堰是人类优秀文化遗产中的一座丰碑、"天人合一"和"道法自然"等可持续发展的文化内涵，使这个水工程历经 2000 多年的考验，充分说明这一思想内涵强大的工程生命力。"可持续发展水利"是现代水利的重要理念。广东的城乡水利防灾减灾工程的规划设计，明确提出"水安全、水环境、水景观、水文化、水经济"五位一体的建设理念。

6.1.2.3 融入鲜明的时代精神

每一个时代兴建的水工程都有体现这一历史时代的社会精神。我国兴建的水工程都有新时代精神的特征，例如，红旗渠是当代水利精神的一曲凯歌，红旗渠的建设者们依靠艰苦奋斗的坚强意志和聪明才智，在崇山峻岭之间建成了举世罕见的"人造天河"，不仅创造了当代水利史上的奇迹，改变了贫困面貌，而且在建造红旗渠过程中形成了"为了人民，依靠人民；敢想敢干，实事求是；自力更生，艰苦奋斗"的红旗渠精神。

6.1.2.4 融入深厚的美学理念

新时代的民生水利应遵循美学理念，追求水工程的美学价值，才能使水工程更生动、更和谐、更富有活力。主要表现在以下方面：

（1）在表现水工建筑的外部轮廓时，巧妙利用曲直、长短、高低、方向、凹凸、粗细、疏密、虚实等线条，给人以快慢、刚柔、滞滑、利钝、张弛、明暗、轻重、软硬等审美感受。

（2）塑造水工建筑形状时，因地制宜地选择矩形、三角形、梯形、圆形等多种形态，表达方正、庄重、活泼、阴柔、阳刚、明亮、圆融等意象。

（3）在水工建筑空间布局上，注重配置好形状、大小、色彩、材料等视觉要素和位置、方向、重心等关系要素。

（4）在水工建筑光与彩上，注意冷暖、轻重、明暗、艳素、刚柔等，来传递和表达建筑物的感情和表情，力求使刚硬冰冷的建筑富有人情味。

（5）水工建筑要根据与水接触产生的不同声音，进行扬弃、取舍、组合，营造出悦耳动听的音响效果。

河道堤防要在安全稳定的前提下，将生态理念和美学原理注入河道整治设计中，保持河流走向、断面，岸、滩、湾和河水流动的多样性，体现曲水、曲岸的生态和审美价值。对流经城市的河道，可打造包括绿地、亲水平台，雕塑、碑记、水车等文化景观在内的滨河走廊或河滨公园。南京的秦淮河整治工程，将自然生态环境与城市人居环境融为一体，创造了人、自然与城市和谐的绿色体系。秦淮河风光带，融古迹、园林、画舫、市街、河房和民俗民风于一体，重现了清代戏剧家孔尚任在《桃花扇》中所描绘"梨花似雪草如烟，春在秦淮两岸边，一带妆楼临水盖，家家粉影照婵娟"的秦淮河畔的繁华景象。

6.1.2.5　注重主题文化的选择和个性化的命名

为了防止文化水工程的千孔一面，突出其特性，就需要在工程设计时注重主题文化的选择，围绕文化主题，开展调研、选择、比选和设计，形成有个性的水工程主题文化，并对工程的名称、造型和单体项目等发挥引领和导向作用，同时要兼顾主题文化与其他文化的结合。

6.1.2.6　注重配套协调优雅的文化环境

"红花需要绿叶配"，提升水工程的文化内涵与品位，除了水工建筑物本身设计要充分体现美之外，还要对包括办公楼、院落、职工食堂、文体活动室、大门等附属设施（环境）进行文化设计，使之与主体工程交相辉映、相得益彰，达到个体与群体、建筑与环境的协调统一。

6.1.2.7　设计的其他关注点

在对水工程注入文化内涵和提高艺术品位的设计中还有一些问题需要引起重视。

1. 合理的设计时间

水工程的文化主题设计和建筑、环境的艺术造型设计，与一般水工程的常规设计不太一样，不仅仅是设计的人员复核、把关的问题，其设计往往要向业主，甚至社会文化界、艺术界、建筑界专业人士，抑或向广大群众征求意见。由于审美主体人群的对水工程这一审美客体的接受程度、审美的层次和深度不同，很可能对同一设计的评价和要求各异，因此，这就要求设计者在设计前应深入研究水工程所在流域和地域的相关文化、历史、风俗、习惯以及艺术认同，认真吸取其精髓、认真提炼、认真创意，设计出既符合本流域、本地区社会大众美感的要求，又是有个性、有新意、有突破的作品。有时，业主还会要求设计单位对水工程的文化设计和单体建筑物的造型设计提供几套方案备选，这就需要设计者深入调研、精心构思、认真创作，这些都需要一定的时间去完成。因此，要打造既有文化内涵、又有艺术品位的水工程，就要给设计者充分的调研、创意、比选和设计的时间，这样才能形成精致的、有个性的、有特色的设计方案。

2. 注重施工的可行性

设计水工程的文化创意和艺术造型，可以发挥无限的想象，去追求水工程的文化内涵和造型美，但是水工程的建筑形式与水工程使用的功能是需要结构力学、水力学、建筑材料、水工程原理和其他自然科学原理等来统筹和认识的。注入文化内涵和有艺术品位的水工程设计与绘画、影视、动画的作品不一样，绘画等创作只需将创作者的无限想象绘制在画纸、画布或显现在屏幕上，而水工程的艺术造型要通过施工，形成建筑物或土方工程，坐落在大自然的环境下，要确保其有形功能并且能够运转。注入文化内涵，增加艺术造型的水工程，设计者不仅要上承规划意图，还需考虑下及施工技术，确保图纸上设计的方案，能在现代施工技术条件下，变成地面上的水工程实物。

6.1.3 文化水工程的施工要求

要使水工程蕴含文化的内涵、绽放文化的异彩，除了水利规划、设计中要有"文化"元素外，水工程建设也要将铸造水文化贯穿于整个施工过程。

6.1.3.1 对施工的队伍要求

水工建筑的主体施工，可由具有丰富经验的水利施工队伍来承担，但文化部分的内容则要"另请高明"。打造具有一定文化内涵与艺术品位的水工程，对工艺和形态美有特殊要求。一般的水利（水电）工程建筑公司因缺乏这方面的实践经验和相应的人才储备，通常难以胜任。因此，最好的方式是将文化水工程部分单独发包，由具有相应资质的施工队伍承担，如负责园林营建的施工队伍；也可采取水利工程公司总承包，文化景观部分由园林、古建、雕刻等专业队伍分包的方式。

例如，建筑物外包装用石雕装饰的文化工程，就需要由专门的石雕艺术公司来完成。石材经久耐用，经艺术造型赋予其文化内涵后，可与水工程建筑物长期共存于室外的自然环境之中，但其工艺复杂，技法较多。特别是专门创意设计的石雕工程，为确保石雕造型准确无误，还要先创作泥模；接着用玻璃钢按泥模翻制成范；再用范制成石膏模型；再按照石膏模型，由具有一定艺术涵养的艺匠选用适当的石材打制完成。这不是一般水利施工队伍所能承担的。泰州凤凰河上的桥、字、雕塑，腾龙河上的腾龙桥、南水北调卤汀河桥梁装饰等都是请苏州著名石雕工艺大师何根金先生及其助手完成的，确保了工程的文化、艺术品位，这些建筑也成为大师级的作品，长留于天地之间，为泰州市创建"形神兼备的文化名城"添上了精彩的一笔。

再如，建筑周边的环境工程，如果创意为中国园林风格的设计，就应该由具备城市园林和古建筑资质的施工队伍承担，因为中国园林具有特殊美学要求，需要特殊的建筑材料和特殊的施工工艺才能建造。中国式建筑的文化内涵、美学思想都是从先民的"百兽率舞"发展成"龙飞凤舞"，从"诗、乐、礼、舞"发展至"天人合一"和由"琴、棋、书、画"体现"人文教化"之创意的。这些在屋顶，木构造，砖、木、石艺雕的建造和制作方面，要有专门的匠作人才才能完成。中国园林的建筑材料又多以石材、木材、砖、瓦居多，这些材料有别于水泥、钢筋、砂砾，其质地、品种、加工及建造的工艺与钢筋混凝土的建造工艺截然不同，因此，不是一般的水利施工队伍能建造得好的。即使是景区的绿化，也不是普遍意义上的植树造林，而是要根据景区的三维空间进行布置，确定适宜的乔、灌、草的品种，色、香、味不同的植物，乃至对植物的尺寸、形状、平面占地等进行选配，同样需要专业的绿化队伍来施工。因此，凡是有文化内涵和艺术品位的水工程中的文化工程部分，一定要由具有这种施工资质和有一定文化素养的队伍（或艺匠）来施工，才能建造出可以充分表现设计意图的文化水工程。

6.1.3.2 给施工者二次创意的空间

文化水工程的创造应贯穿于工程设计、施工的全过程。设计图纸的完成，并不代表就能一蹴而就、万事大吉，设计者应全程跟踪工程的进展，在施工过程中，设计者需要通过实地观察，进一步完善原设计，还需要和施工人员共同协商解决施工中的具体问题。因为施工者也属于这一工程的审美客体之一，而且是极具经验的审美客体。施工者在施工前应理解图纸，通过设计交底，深入了解设计意图，在文化水工程实施过程中，将设计意图与实现手段进行比较，找出施工难点和解决办法。在施工过程中，要给予施工者（包括设计者）二次文化创意的时间和空间，要将设计蓝图落到实处。设计和施工不可能完全"无缝对接"，高明的施工者不仅要清楚理解设计意图和图纸内容，还要发挥聪明才智，最大限度地弥补设计不足，打造精品文化工程。因此，二次甚至多次文化创意就成为不可或缺的环节。

浙江省绍兴市在建造浙东古运河园过程中，鉴于运河园建筑材料和工艺是旧的（尤其古材料收集存在相当大的不确定性），理念和思路是新的，无模式可循，缺规范可依，有些景点内容需要在施工过程中方能确定，业主与设计、施工、监理等单位密切配合，因地制宜地进行了多处设计变更，特别是文化内容、景点小品、绿化布置等，在施工的整个过程中，一直在不断完善。施工单位尤其重施工细节，一个图案、一块石料、一棵树木都要反复考量，力求完善和到位。

成都清水河梁江堰调度中心入口上方的艺术墙，如花砖平放，左半边是一个圆，右半边是两只叶片型图案，图形平平。通过施工者的反复审视，决定将单块花纹砖旋转 45°，作菱形布置，将圆视为太阳，波浪形叶片视为水面，新意凸显，构成了水与生命、太阳与大海的整体意蕴，充分说明了二次创意的必要性。

6.1.3.3　选材和装饰要求

水工程中的文化工程多以水工程个性造型及外饰雕刻、亮化工程，或环境中亭、廊、榭阁等园林建筑及雕塑、铭石等文化艺术小品为主，其用材、用料就有一定的要求。文化工程的用材主要为石材、木材、砖材及陶瓷、琉璃等材料，必须根据文化工程的具体要求进行选材。

绍兴水利部门在打造运河园时，为了表现其"古"和古越文化的地方特色，采取了在当地广泛收集古旧石材的办法（绍兴古来多以条石铺路建塘），先后收集到很多老石条、老石板，以及一批被拆除散落各方的古石亭、古桥等石构件，然后按照传统工艺，辅之其他材料，进行组合搭配，建起了运河纪事、古桥遗存等 6 处蕴含历史文化内容和地域特色的新景点。同时，修筑了 4.5km 长的石驳岸、近 20000m² 的石塘路及纤道、河埠等，从而再现了绍兴运河的悠悠古韵和厚重文化，也使这些古石料"化腐朽为神奇"。

水工程的题刻、楹联、雕塑、彩绘等装饰手段是彰显水文化的重要手法，因此水工程的装饰应力求做到：为景点题、引导品赏；彰显主题，富于生气；营造氛围，强化主题；严忌呆板，力求多样。

6.1.3.4 设置合理的施工周期

有文化内涵与艺术品位的水工程不仅要给设计者、创意者科学的设计时间，而且也要给施工者精雕细琢的时间以及科学合理的施工周期，才能创造出高品位的文化工程。例如，环境工程中的土方和绿化工程，在新堆的土丘上绿化，就必须要让土壤有自然密实的时间。绿化工程中的树木移植，特别是大树的移植，最好是在春季适宜绿化的季节移植，当然，现在也可以采取人工养护反季节移植，但往往不理想，死亡率高。文化艺术品制作需要通过反复推敲、打磨，没有充裕的、科学的施工创作时间，是不可能制作出文化水工程的精品。如果时间规定得太紧，只能以牺牲文化艺术的品位为代价。

6.1.3.5 施工验收的专门要求

文化水工程的验收，除常规水工程的验收所必需的程序和手续外，还要有：完整的水工建筑物文化装饰工程的全套竣工图纸和平面布置图、施工技术报告等；每个单项文化工程发包或采购单位的完整手续，以及这些单位产品的具体生产材料、工艺、流程及制作人的相关资料；工程竣工后对文化内涵及艺术品位的评价。

6.1.4 文化水工程的管理

6.1.4.1 人员与经费

（1）要机构和人员到位，保证文化水工程管理"有人问津"。对规模较小的文化水工程，可不设专门管理机构，而是采用由水利工程管理人员兼职的办法进行管理；对规模较大的文化水工程，设专门的机构并配备相应的专业人员，专司管理事宜。

（2）要确保经费到位，保证文化水工程运行管护不沦为"无米之炊"。文化水工程大多是公益设施，没有资金支持不能保持和发挥作用。因此，必须列入国家和地方预算，拨出专项经费，以维持文化水工程正常运行。

6.1.4.2　日常管护

日常管理到位，保证文化水工程安全有序运转。对亭台桥阁、碑刻等文化景观，要加强保护、保洁；对花草树木，要加以保持、完善；对现场的垃圾、污损，要随时处理。与此同时，还要开展文化水工程社会评价和意见的收集工作，进行文化水工程对外宣传活动，以扩大工程的影响力。

6.1.4.3　工程维修

一般而言，文化水工程的维修不同于其他水工程，它更多的是需要保持原始风貌，不能擅动土木之工。特别是那些被列为国家和地方重点文物保护单位的水利工程，更要格外做好保护工作。因而，在工程维修时，原则上要遵循文物"修旧如旧"的原则，施工人员要有相应的文化素养和技艺，材料和工艺要保持"原汁原味"。如果因水毁或其他自然灾害导致文化水工程损坏严重，不能完全恢复原状的，在修复时也要保证其文化内涵与品位不低于原工程，从而确保文化的传承和景观功能的延续。

6.1.4.4　更新改造

对文化含量和艺术品位较高、已有一定知名度的文化水工程，更新改造时应尽量恢复其文化内涵和艺术造型，充分利用原工程的装饰材料。对有一定文化内涵和艺术品位，但影响不太大的水工程，可重新设计、重新创意，使工程植入更先进、更有特色的文化，设计出更有品位的艺术造型，进一步提升更新改造后的文化水工程内涵和品位。在表现文化水工程内涵时，应突出个性和地方特色。

6.2　水工程文化建设案例

水利事业要繁荣发展，离不开文化血液的注入，离不开先进水文化的引领和支撑。而先进的水文化必须渗透到水利改革发展的全过程，才能产生实实在在的生产力，推动水利事业又好又快发展。因此，要以波澜壮阔的水利建设为舞台，追求科技与文化的有机融合，工程与生态环境的和谐统一，切实提升水

工程的文化内涵与品位。

我国古代的杰出水工程，如都江堰、京杭运河、黄河大堤、钱塘江浙古海塘等，其建设与中华几千年的文明史密切相关，不但具有历史文化价值，还具有重要的时代价值，水工程的外形特征、结构包含了科学技术价值、美学价值、民族特色、经济社会意义、人文内涵等。

建筑学家林徽因说："建筑是全世界的语言，当你踏上一块陌生的国土时，也许首先和你对话的，是这块土地上的建筑。它会以一个民族所特有的风格，向你讲述这个民族的历史，讲述这个国家所特有的美的精神。它比写在史书上的形象更真实，更具有文化内涵，带着爱的情感，走进你的心灵。"把这段精辟的论述推广到水利事业，我们可以这样说：蕴藏深厚历史和文化元素的水工程，可以彰显独特的水工建筑之美，是水文化传播的最佳载体之一。融入文化元素的水工程，可提升水工程的文化内涵与文化品位，彰显水工程的文化功能，丰富水工程的文化环境，更好地满足人民群众日益增长的精神文化需求。

6.2.1 浙江省曹娥江大闸枢纽工程

浙江省曹娥江大闸枢纽工程（以下简称"曹娥江大闸"）位于绍兴市东北约 30km 的曹娥江入海口，是国家批准实施的大型水利项目，是我国第一河口大闸，也是浙东引水工程的重要枢纽。它的建成，在上游蓄清水为平湖，在下游挡海潮于无形，使绍兴市的海塘系统连为一体，防止了海潮对曹娥江的溯源侵蚀，提高了曹娥江内河的抗灾能力和水资源利用率，改善了水环境、水生态和周边地区的投资环境。

曹娥江大闸不仅以其高超的工程技术荣获国内建设工程最高荣誉——鲁班奖，还以独特而浓厚的文化气息，成为浙江乃至全国水工程和水文化结合的典范。

在曹娥江入海口兴修水闸，切断钱塘江海潮与内河的联系，同时利用它蓄积形成的淡水平湖，发挥各项综合效益，从远古时期就是绍兴人民的梦想，这源于当地人多地少，不得不与海争地的现实，也源于钱塘江海潮对当地百姓造成的巨大破坏。

对于外人，钱塘潮是壮观的，惊涛骇浪，卷起千堆雪，千百年来就吸引着远近游人纷至沓来，也让无数文人为之折腰、惊叹，但对于世世代代生活于当地的百姓来说，钱塘潮也是彻彻底底的灾难。年复一年的海潮冲毁良田、席卷街市，可以让一个人多年的劳动成果毁于一旦，更可以一夜之间夺去无数人的生命。

曹娥江的洪灾威胁十分严重。与许多独流入海的山区河流一样，曹娥江上游山地高耸，下游一马平川，一场暴雨洪水，很容易通过树枝状的水系在下游集聚，形成大灾，如果遇上海潮顶托，以及台风登陆，曹娥江下游地区更是一片汪洋。因此，自古以来，曹娥江就是浙江洪涝灾害、水土流失和海潮灾害最为严重的河流。治理曹娥江，化水害为水利，也是当地百姓的多年梦想，绍兴人也始终为此努力着。东汉时，马臻在此围潴积水，修筑鉴湖；明代绍兴知府汤绍恩率众修建的三江闸，开启了在曹娥江河口建闸挡潮的先河。但它偏居内河，规模偏小，不能解决钱塘潮和曹娥江洪水恶劣遭遇时造成的防洪困难，也不能保护在外海拦蓄的土地。

1958 年，绍兴人曾经兴修大闸，但一年后就被迫停工。伴随着长江三角洲的崛起，绍兴市的社会经济迅速发展，也对水利工程和水生态环境提出了更高要求。兴建曹娥江大闸，再一次提上了当地政府的议事日程。2004 年 2 月，在浙江省十届人大二次会议上，吕祖善省长在《政府工作报告》中明确提出了"加快曹娥江大闸建设"。2003 年 10 月 1 日，随着口门围堰开始试抛投，曹娥江大闸前期工程正式拉开。2005 年 12 月 30 日，经浙江省政府批准，大闸正式开工。2008 年 12 月 28 日，下闸蓄水投入试运行。2009 年 6 月 28 日，全面完成初步设计建设任务。2011 年 5 月 27 日，大闸通过省发改委组织的竣工验收，正式竣工。曹娥江大闸航拍图如图 6-1 所示。

图 6-1　曹娥江大闸航拍图
注：转载自水利文明网，下同

曹娥江大闸开创性地将最新的工程技术与传统的治水文化以及秀丽的生态环境景观有机结合，无论是工程实体质量与工程感官效果，还是工程对环境的改善以及与人文和生态环境的协调等方面均达到国内领先水平，对全国的水利工程建设具有明显的示范和带动作用，是水利工程的精品之作，历史性的代表之作。

曹娥江大闸主要由挡潮泄洪闸、堵坝、导流堤、鱼道、闸上江道堤脚加固以及环境与文化配套等工程组成。曹娥江大闸工程设计严密，施工规范，它的建设极大地改善了浙东地区，尤其是曹娥江下游段的防洪、防旱、防潮形势和水生态环境，持续发挥着巨大的综合效益。

曹娥江大闸是"最新的工程技术与传统的治水文化以及秀丽的生态环境景观有机结合"。传统治水文化、工程本身以及它所营造的优美水生态环境，是大闸带给世人最显著的文化特色。

在工程建设、运行、管理的过程中，曹娥江大闸管理局始终把水文化建设贯穿于工程建设、管理和文明创建的全过程，注重理念引领，传承发展水文化；注重规划建设，同步统筹水文化；注重文化管理，总结提升水文化；注重产业开发，利用展示水文化；投身水域建设，推进水域开发，提升工程水文化建设的内涵和品位，作了一些有益的探索与实践。

（1）注重理念引领，传承发展水文化。绍兴依水而生、因水而兴，是一座"没有围墙的博物馆"。将绍兴先贤的治水精神、古代水利工程建筑风格、治水典故传说与现代水利工程建设有机结合起来，传承和发展绍兴水文化。

随着时代的不断发展，水利工程被赋予了更高的使命，除了兴水利、除水害，满足社会生产生活对水的需求之外，更加注重满足人民群众在精神方面的追求，体现鲜明的地域特色和厚重的文化底蕴，实现水利工程与人文、环境景观相互融合。

（2）注重规划建设，同步统筹水文化。大闸工程把文化元素融入工程规划建设始终。在工程初步设计中，将环境与文化配套工程列入主要建设内容，并以生态型、文化型、景观型水利工程为目标，以传承绍兴特色水文化为主线，将绍兴先贤的治水精神、古代水利工程的建筑风格、古三江闸的"应宿"文化等有机融合。在工程建设中，文化工作者与大闸设计、建设者以严谨的工作理念，为闸区注入了人文、历史元素，配套了以星宿文化和名人说水为核心，以

"安澜镇流"（图 6-2）、"雄闸应宿""娥江流韵"（图 6-3）、"四灵守望""高台听涛""岁月记忆""治水风采"等颇具特色的"娥江十二景"为重点的人文景观项目，水文相融、水景相衬、水绿相依，反映了绍兴源远流长、人文璀璨的历史文脉。十二个景点在闸区的安排错落有致，基本上消弭了整个闸区的空白，景点与景点之间，则有"名人说水"刻石（图 6-4）连接过渡，避免了断层的出现，一直调动着游人盎然的兴趣，使人觉得"很有看头，蛮有讲头，也有玩头"，凸现了整体的文化氛围。

图 6-2　"安澜镇流"碑亭

在施工和管理的过程中，以追求完美的标准和精神，完成了陈列馆布展、交通桥石雕、碑亭文化镌刻、"名人说水"景石点缀等水文化布置工作。

特邀绍兴的知名文化人参与文化项目研究，使大闸工程融水闸文化、星宿文化、石文化、曹娥江文化等为一体，提升了工程的内涵和品位。景点中展示的文化内容、历史资料，都经过严密的考证和查对，经得起推敲。一些我国古代深奥的文史知识，像"四灵守望"景点中对青龙、朱雀、白虎、玄武的物化诠释和石刻文字以及古代的天文知识，表述得非常到位，使人们在浏览欣赏景色的同时，又增进了对古代天文知识的了解。为追求总体的和谐效果，大闸文化布置采用了多种艺术表现手法。东阳木雕珍品"八仙过海"，以人物、器具、海浪、祥云为主题，精雕细镂，惟妙惟肖。大型青铜雕塑作品"治水风采"，展示了当代绍兴治水者的人物形象和顽强不息的治水精神。铜艺叠镶组合壁画

图 6-3　"娥江流韵"

图 6-4　"名人说水"刻石

"神兮炎黄",表现了远古治水英雄坚忍不拔的信念和蓬勃向上的气势。漆雕作品"娥江揽胜图",所描绘的各处名胜,犹如踏上了诗情画意的浙东唐诗之路。

"名人说水"刻石群，广泛搜集古今中外有关"水"的精辟之言，在 108 块景石上依石选句，谋篇布局，省内外书法高手赐寄墨宝，共襄雅举，刻字艺人精心雕镂，隽语赋予它们以思想和灵魂，书法为它们披上了高雅的新装，让置于绿茵间的石块有了灵气。为弥补多水少山的缺憾，大闸布置了相当数量的景石，"飞鱼化龙""女娲遗石""曹娥江大闸陈列馆刻石""曹娥江闸前大桥刻石"……起到了以石补山的点睛作用。

闸区文化布置具有厚重的历史传承，从远古神话、民间传说到古今中外名人说水，从大禹三过家门到马臻开凿鉴湖到现代社会的围海造田，每一处文化布置都突出了中华民族水利文化的历史传承以及绍兴水利史上的大事盛事。大闸与明代绍兴太守汤绍恩主持修建的老三江闸（又称应宿闸）一脉相承，也设置了二十八孔，并在交通桥南面石护栏内侧刻星宿神祇形象浮雕、"步天歌"和星宿对应动物浮雕，外侧刻一米见方二十八星宿名楷书大字，营造出古今工程遥相呼应的历史文化效果，并以此纪念为官一任、造福一方的汤绍恩。陈列馆展示的绍兴围垦海涂的创业史与"岁月记忆"大型浮雕，为人们再现了 20 世纪 60—70 年代绍兴、上虞两县围海造田的壮丽场面。闸区文化布置注重挖掘弘扬绍兴本土的文化特质，具有浓郁的乡土风情。如"娥江流韵"文化项目，在 28 个闸孔石栏板上集中展示了曹娥江流域名胜古迹和典故传说，按时空顺序排列，将历史文化如珍珠般地串在桥面上，颇有诗史般的艺术效果。这些石刻画，内容取舍十分精到，犹如一册形象化的乡土教材；画笔细腻，做的是"绣花工"；石刻匠师的手艺，尤其值得称道，画作原稿的神韵，须眉毕现。一系列的文化布置，构筑了一道绍兴人文与自然生态相结合，历史文化与现代文明相结合，城市水利与休闲、旅游相结合的绿色文化风景线。

（3）注重文化管理，总结提升水文化。曹娥江大闸管理局自成立伊始，就提出了创建水利部国家级水管单位和全国水利文明单位的阶段性目标，广大干部职工发扬"献身、负责、求实"的水利行业精神，围绕"安全、负责、奉献、高效"的运行管理目标，以及"管理抓提升、开发求突破、事业谋发展"的工作基调，有序有效地开展大闸运行管理，通过努力，按时圆满完成了各项创建任务。

与此同时，积极参与绍兴市水文化研究会有关工作，通过传播交流，不断地宣传推介水文化，编印了宣传折页，先后出版了《娥江十二景》《名人说水》《曹娥江大闸建设纪实》《曹娥江大闸建设论文集》和《大闸风韵》等书籍，制作了大闸工程建设、工程运行管理、水文化、曹娥江国际摩托艇公开赛（图6-5）等专题宣传光盘，丰富了文化成果。

图6-5　中国绍兴曹娥江国际摩托艇公开赛

（4）注重产业开发，利用展示水文化。加强环境建设，打造精品景区。大闸景区两岸均为滩涂湿地，大面积的草坪、桂花和香樟，芬芳馥郁，常绿和落叶树种、乔木、灌木、草皮，配置合理，层次分明，配以沿江散步道、林荫艺术道及各种灯光等附属设施，还有白鹭、野鸭、雉鸡等禽鸟沿江活动，不仅给游客一个安心放松的休憩场所，更使江中湿地与人文景观、工程景观融为一体，浑然天成，是江南难得的自然生态景观。

景区有良好的水环境，在曹娥江大闸的保护下，江水不受潮汐影响，江内泥沙淤积逐渐减少，闸上江道平静如镜，水质达到Ⅲ类标准。站在大闸上，游客可以北看钱江涌潮，南看曹娥江平湖，感受天地之间的广阔无垠。在泄洪期间，游客可以近距离向下俯视泄洪场景，看着脚下白浪滔天的恢宏和雷霆万钧的洪流的壮观场景。平日也是观赏日出和日落的绝佳场所。

曹娥江大闸位于曹娥江入杭州湾的河口地带，正是观看钱塘江大潮的绝佳观潮地点，每年都吸引大量游客前来观赏。根据《曹娥江大闸景区总体规划》，景区面貌得到进一步改善：建设和完善商务度假酒店等旅游配套设施，曹娥江游艇度假酒店已经正式营业，使接待能力和条件得到进一步提高；ATV越野赛道投入运行，浙江军旅文化园开园营业，房车营地完成基础工程建设。在景区连续举办观潮节、游艇展、摩托艇赛等活动，充分展示大闸水文化内涵，使大闸国家水利风景区功能得到进一步开发。

（5）投身水城建设，推进水域开发。在确保大闸防洪排涝安全的基础上，积极服务游艇产业发展，合资组建曹娥江游艇码头开发投资公司。计划在大闸管理区建设游艇母港，一期 586 个泊位已经建成。2014—2015 年举办了两届曹娥江国际游艇展，2016—2017 年连续举办了两届曹娥江国际摩托艇公开赛，得到中国摩托艇运动协会好评，并列入了中国摩托艇运动协会年度固定赛事，扩大了赛事影响力，摩托艇培训基地在大闸挂牌。引进帆船训练与比赛项目，借助曹娥江优良的水资源环境和得天独厚的区位优势，将曹娥江大闸景区打造成长三角地区知名水上运动休闲基地和国际摩托艇竞技圣地，助推绍兴"国际化东方水城"建设。推动游艇休闲旅游业发展，打造游艇亲水文化。制定了曹娥江大闸风景区建设提升总体方案，景区内的游线主打三大品牌，即我国第一河口大闸品牌、绍兴最佳观潮地品牌与"鱼跃湾"休闲旅游品牌，景区建设品质不断提高，被评为绍兴市"十佳魅力新景区"。景区灯光已常态性亮化，通过景区亮化，使大闸成为绍兴夜游的目的地之一，游客夜间可以在江堤的游步道上散步，也可以坐在游艇上品茶，同时欣赏雄伟大气又有文化韵味的美丽夜景（图 6-6）。

图 6-6　大闸夜景

站在曹娥江河口可以看到：一座大闸的建成是大禹治水事业的延续，是水利行业精神的弘扬；一个以大闸为核心的景区，是水利工程和生态景观、现代文明和历史文化的完美结合，是大自然的杰作，是建设者的凯歌。曹娥江大闸水利风景区宛如一颗魅力四射的靓丽明珠，天人合一，婀娜多姿，艳丽迷人。

6.2.2 汉城湖

汉城湖位于陕西省西安市未央区，前身是在西汉漕运河道和护城河基础上兴建的，以处理污水和调蓄雨水为主要职能的团结水库。2006—2013 年，西安市投巨资对其进行综合治理，彻底扭转了持续恶化的水生态环境，使污染的西安市"最大卫生间"成为最美的绿色生态公园。团结水库向汉城湖公园的转身，凸显了西安市铁腕治污、打造全国水生态文明城市的决心，也成为工程水利向民生水利、生态水利转变的标志。

团结水库曾经是西汉关中古漕运河道的一部分。中华人民共和国成立后，又成为西安市城建局选定的污水沉淀池，在净化水质、调蓄雨洪、农田灌溉方面发挥过重要作用，也因为工艺落后、设备老化，成为了最大的污染源。长期以来库底污泥淤积，库水污黑发臭，库岸杂草丛生，库周垃圾漫布，冬春恶气四溢，夏秋蚊蝇纷飞，被市民称为"西安市最大的卫生间"，严重地影响了城市的建设和发展，同时对周边的汉长安城遗址构成了威胁。进入 21 世纪以来，西安市提出了建设国际化大都市和全国水生态文明城市的计划。恢复汉唐盛世"八水绕长安"的盛况，成为 800 万西安人共同的愿望。城南的曲江池、大唐芙蓉园为唐长安城增色不少；汉长安城同样需要水景观、水文化为之增色。团结水库水质虽差，但它紧靠汉长安城遗址，有着 6.27km 的河道、850 亩水面、超100 万 m^3 的容量，只要"洗心革面、脱胎换骨"，就可以"化腐朽为神奇"。如果不治理团结水库，汉长安城的景观和生态环境就会大打折扣。

2006 年 1 月，西安市市委、市政府决定实施团结水库水环境综合治理工程，历时近 4 年。主要项目包括水库大坝除险加固、库区清淤砌护、进库污水截流和注清水管道等。工程累计征用和回收土地 2890 亩，拆迁企业和农户 829 户，清运淤泥 211.5 万 m^3，岸坡砌护 12.8km，新建桥梁 8 座，新建亲水平台 19 座，栽植灌乔木 100 余种 75 万余株，铺设引清水压力管道 12km。2010 年，团结水库更名为汉城湖。同年，西安市用 3 年时间，开展了汉城湖水环境综合治理提升工程。重点是通过增加仿汉建筑和汉文化元素，使整个园区处处有故事、处处有历史、分段有主题、左右可连接，形成汉文化展示、商业氛围浓厚、主题建筑宏伟、区域功能齐全、休闲娱乐丰富、文化品位高雅的西安旅游新亮点、城市建设经典和展示西安新形象的平台。

　　防洪保安、水域生态和文物保护是汉城湖水工程最重要的三个组织部分。汉城湖本质上仍是一座水库，担负着城市排洪、泄洪等职责。经过第一期整治工程，汉城湖防洪保障功能更加完善，水库必备的泄洪闸、放水口均重新设计并高质量建成。如果遇到上游洪水或城区下暴雨，汉城湖将开启进水闸，承担蓄洪除涝重任。同时，在湖的左岸还留有两处灌溉用的出水口，与周边的农用渠道相通，可灌溉城区北郊的万亩菜田。

　　汉城湖建设最重要的环节就是恢复水域生态。建设者们完成了征地拆迁以及库区截污、淤泥清运、岸坡砌护，还从 20km 外引入洁净的沣河水。与此同时，还通过暗涵和明渠，改建它的污水处理系统。在综合治理汉城湖生态的同时，西安市配套进行了大量的水土保持和水资源保护，如按照水土流失规律和生态安全需求，统一规划，治理边坡。共砌筑了 4516 个鱼鳞坑，修建格宾网护坡、浆砌石护坡、青砖护坡、水平阶（沟）整地、混凝土空心砖植草坡等水土保持工程措施。起到了蓄水保土、蓄水拦泥、保持边坡稳定的作用。并按照绿化、美化、园林化相结合的理念，采用乔、灌、草相结合的措施，在园内栽植草坪、水保植物、观赏植物、水生植物、攀爬植物，全方位对绿地、坡地、驳岸进行综合治理。共栽植了乔灌木 101 种，15.1 万株；草坪 70 万 m^2，绿化率达到 90%。在增加地面植被、涵养水源的同时，起到了集保持水土和生态观光于一体的良好作用。此外，为保护水生态环境，汉城湖没有在水底铺设防渗层，而是在 1m 厚的黄土夯层上铺 30cm 的砂卵石，从而达到使湖水下渗补充地下水的目标。汉湖渔港培育的匙吻鲟、武昌鱼、锦鲤、锦鲫、鲤鱼、鲫鱼等 10 余个品种，10 万尾的观赏鱼，也可以净化水质。

　　当工程建设与文物保护出现冲突时，文物保护总是被放在优先考虑的位置。与汉城湖与古长安城城墙遗址相距过近，影响遗址保护。为此，设计者们将原来水库左岸收缩 30m，加大了水面与汉城墙的距离，牺牲了 273 亩水面，牺牲了近 1/3 的库容，但彻底解决了长期以来城市污水对城墙的侵蚀。与此同时，汉城湖综合治理工程还对汉城墙遗址采取了多种保护措施。市民在游览汉城湖时，可以近距离领略汉长安城遗址的风貌（图 6-7～图 6-9）。

图 6-7　汉城水韵

图 6-8　汉城夜景

图 6-9　汉城湖鸟瞰

　　经过艰苦卓绝的治理，汉城湖不仅成为西安市旅游的一张名片，还成为国际化大都市的点睛之作。

　　汉城湖拥有"十里水道，千亩水面，两千亩绿地"，有数十处汉文化主题景观，大风阁、泰山封禅雕、八水绕长安地雕、刘彻雕塑铜像、汉风水韵音乐喷泉、水车广场（图 6-10）、汉币广场、城墙遗址、天汉雄风浮雕（图 6-11）……徜徉在汉城湖公园，汉文化元素扑面而来。兴建了科普体验馆、科普长廊、植物造字、模拟径流小区，成为国家级的水保科技试验园。

图 6-10　水车广场

图 6-11　天汉雄风浮雕

汉城湖公园以 36km² 的汉长安城遗址为依托，形成了一心三线七区的旅游新格局：一心，即以汉长安城遗址为核心；三线，即形成水线、电瓶车线、步行线三条游览线路；七区，即包括封禅天下、霸城溢彩、汉桥水镇、角楼叠翠、御景覆益、流光伴湾、安门盛世七个以汉文化展示为主题的景观构架。

汉城湖不仅从自然景观上处处再现着大汉风貌，更以各种汉文化活动将传统文明发扬光大。景区每年组织常规的汉文化活动精彩不断，在遵循传统礼制的基础上，对细节品质挖掘提升。成功举办了元旦迎新祈福礼、春节文化庙会、学童开笔礼、中华女子成人礼、千名学子成人礼、端午龙舟赛、暑期开笔礼、汉文化艺术节、汉式婚礼等多场大型汉文化、水文化主题活动。为了弘扬和传承传统文化，丰富游客互动体验项目，景区针对亲子团、学生团、暑期夏令营、研学团等团队，根据受众群体的差异和特点，策划开发了以开笔礼和成人礼为主的"衣礼中华行"汉礼体验活动，受到了国内外团队游客的追捧。

依托丰富的文化遗存，汉城湖坚持创新发展，狠抓提档升级，打造了一批旅游精品工程，建成了丝绸之路博物馆（图6-12）、我国第一古建木作微缩展览馆、汉长安城城墙展示景点、汉陶吧等汉文化特色展示项目。

图 6-12　丝绸之路博物馆

汉城湖景区先后荣获国家4A级旅游景区、国家水利风景区和国家级水保科技示范园、全国水利文明单位、全国水土保持科普教育基地、全国首批旅游价格信得过景区、国家旅游局"四个一批"旅游志愿服务先锋组织等国家级称号。

获得了陕西省著名商标、陕西省平安优秀景区、陕西省青少年教育基地及西安市人民满意示范单位、西安市文明单位等荣誉，成为西安市生态文明建设，展示汉文化、水文化的重要窗口。

6.2.3　小浪底水利枢纽工程

小浪底水利枢纽工程（以下简称"小浪底工程"）位于洛阳以北黄河中游最后一段峡谷的出口处，是黄河干流三门峡以下唯一能够取得较大库容的控制性工程，控制黄河90%的水量、近100%的沙量和92.3%的流域面积，在黄河治理开发中具有重要的战略地位。

小浪底工程前期工程于1991年9月开工，1994年9月主体工程开工，1997年10月实现大河截流，2001年年底主体工程完工，工程建设历时11年，2009年4月顺利通过竣工验收。小浪底工程主体工程由大坝、泄洪排砂系统和引水发电系统组成。拦河大坝为壤土斜心墙堆石坝，最大坝高160m，坝顶长1667m，坝体总填筑量5073万m^3，是我国目前填筑量最大的堆石坝。泄洪排沙系统和引水发电系统集中布置在左岸山体内，规模宏大、结构复杂。电站装设6台30万kW的水轮发电机组，总装机容量180万kW，设计多年平均发电量51亿kW·h。小浪底工程的成功修建开创了当时4项世界之最，即世界上最大的地下洞群系统、世界上最大的孔板消能泄洪洞、世界上最大的泄洪系统出口消力池、世界上最雄伟复杂的进水塔群。

小浪底工程建成后，在防洪、防凌、减淤、供水、灌溉、发电以及生态修复方面都发挥了重要的作用，使黄河下游不足百年一遇的防洪标准提高至千年一遇，基本解除了号称"千年不治"的黄河下游凌汛威胁；多年实施调水调沙运行，有效地遏制了黄河下游河床抬高的趋势；小浪底水库多次动用最低运行水位以下水量向下游供水，确保了黄河下游连年不断流，明显提升了黄河的生命指标和供水能力；在河南电网中发挥着不可替代的调峰、调频作用，明显改善了河南电网的供电质量。

小浪底工程先后获得中国水利优质工程大禹奖、中国土木工程詹天佑奖、中国建设工程鲁班奖、国际堆石坝里程碑工程奖、百年百项杰出土木工程、国家环境保护百佳工程、开发建设项目水土保持示范工程等荣誉，并被授予国家水情教育基地、爱国主义教育基地、全国中小学生研学实践教育基地等。

小浪底水利枢纽管理区内的大坝、地下厂房、进水塔群、爱国主义教育基地展示厅、坝后生态保护区、工程文化广场、工程纪念广场、小浪底文化馆、小浪底赋石刻等设施和场馆，充分体现了先进的工程设计理念，展现了丰富的建筑美学和工程修建的时代背景，形成了独特的水利景观和水文化载体，是实现工程文化与水文化、黄河文化和生态文明理念相结合的典型。

小浪底工程战略地位重要，工程规模巨大，地质条件复杂，水沙条件特殊，运用要求严格，设计施工难度大，许多课题极具挑战性。工程设计既充分适应复杂的地形地质条件，又成功满足异常复杂的运行要求，还深度融合了建筑美学，设计巧妙，科学合理，使整个工程与自然环境融为一体，展现出独特的工程建筑之美。小浪底工程由拦河大坝、泄洪排沙系统和引水发电系统组成。大坝为壤土斜心墙堆石坝，坝顶宽 15m，坝底宽 864m，高 160m，长 1667m，规模宏大，气势恢宏，且填筑料取自大坝周边，与周围地貌有机融合。泄洪排沙系统和引水发电系统的进水塔群由 10 座进水塔组成，呈一字形排列，彼此相连，形成长 276.4m，宽 60m，高约 113m 的塔群。排沙、发电等孔洞多，廊道多，结构复杂，均布置在左岸山体之内，各洞进口在不同高程错开布置，形成高水泄洪排污、低水泄洪排沙、中间引水发电的总体格局，充分展现了现代水利的巧妙设计。安装发电机组的地下厂房也位于左岸山体之下，总长度 251m，跨度 26.2m，最大高度 61.44m，有 6 台单机容量 30 万 kW 的水轮发电机组，是名副其实的"地下宫殿"。

为了牢记小浪底创业的艰辛历程和建设者们的无私奉献精神，小浪底管理中心在坝后保护区专门建成水利文化园区，有工程文化广场、工程纪念广场等工程文化展示场所。工程文化广场分布"建设者之歌"雕塑群（图 6-13），以 1 座主体雕塑为中心，半圆形围绕 7 座小型雕塑组成，突出了相互环抱、共同支撑的设计主题。主体雕塑是三根圆柱体钢结构支撑起一块巨石的造型，象征中外三个标段建设者们共同支撑起小浪底工程建设；7 座小型雕塑分别代表参与工程建设的移民管理单位、设计和监理单位、中外参建单位联营体。"建设者之歌"雕塑群集中展现了建设时期中外水利工作者们为打造跨世纪精品工程众志成城、团结一心的和谐氛围。工程纪念广场陈列了大坝剖面模型和 70t 的佩尔蒂尼自卸车、14.5m 高的钢模台车等建设时期的施工设备，用直观的工程剖面模型和布满斑驳的庞大机械设备衬托出建设者们创业时的伟大和艰辛。

图 6-13　"建设者之歌"雕塑群

　　小浪底工程因水而生,而水亦是生命和文化的源头。小浪底工程就是为了协调"人与水"的关系、为了造福黄河中下游人民而兴建的,工程本身就深刻浸润着"上善若水"等水哲学的精华。小浪底管理中心以工程为依托,深入挖掘,系统整理灿烂辉煌的传统文化,在坝后保护区建设小浪底文化馆(图 6-14),贯彻文化育人、文化兴业的宗旨,以陶瓷、青铜等历史实物和移民征集实物等为展示主体,从历史、经济、文化、艺术等多个侧面反映黄河文明的孕育、繁荣和发展,以及小浪底工程的生态、民生价值和功能发挥等内容,极大地促进了小浪底工程文化与地域、历史文化之间的交融。

图 6-14　小浪底文化馆

小浪底工程是中国首个全方位与国际惯例接轨的大型水利工程，由意大利、德国、法国等 51 个国家和地区的水电精英参与建设，面对着不同语言、不同文化、不同价值观的碰撞，发出了"在外国人面前我们是中国人，在中国人面前我们是小浪底人！"的号召，有效促进了中外建设者的融合，被世界银行誉为该行与发展中国家合作的成功典范，先后被水利部和河南省授予爱国主义教育基地称号。小浪底管理中心铭记和弘扬伟大的爱国主义精神，在小浪底大坝右岸坝肩专门建设了爱国主义教育基地展示厅，介绍了黄河水情及小浪底工程立项、建设和管理历程，通过大规模的图片、实物、音像等资料，再现了当年小浪底工程建设的艰难历程和中外文化的碰撞融合，让参观者领悟万里黄河的历史，全面感受小浪底这一爱国主义工程建设的辉煌与艰辛；在坝后黄河故道北侧还设立了小浪底工程建设殉难者纪念碑，以此铭记为小浪底工程做出过贡献的人们和付出过生命的建设者们。

小浪底管理中心利用截流后的黄河故道、工程建设期的渣土场和料场，持续进行绿化美化，建成花园式生态保护区。黄河故道变成了人工湖（图 6-15），九曲桥从湖中穿过，亭台楼阁，小桥流水，岸边林荫长廊风光无限，水面碧波荡漾水鸟飞翔，更有夏日荷花香飘满园，圆梦园静坐听涛，成为人们亲水近水的好去处；翠绿湖生态保护区树木葱郁，四季鸟语花香，处处人景相映，成为普及生态知识、宣传生态典型、增强生态意识的重要场所，工程入选国家环境保护百佳工程。小浪底管理中心秉承人水和谐理念，持续推进生态文明建设，打造"水清岸绿河畅"的生态文化，在小浪底库区形成湖光山色、"高峡出平湖"的自然景观，风光迤逦、美不胜收（图 6-16）；改变了黄河中下游连年断流的现状，河口地区生态环境显著改善，淡水湿地面积明显增大，湿地功能得到恢复。小浪底管理中心依托小浪底大坝、地下厂房、坝后保护区、爱国主义教育基地展示厅等工程设施和教育场馆，以及生态公园（图 6-17）深入挖掘旅游资源（图 6-18），丰富旅游文化产品，先后并获得国家水利风景区、国家 4A 级旅游风景区、国家水情教育基地、全国中小学生研学实践教育基地。

6.2.4　艾依河

艾依河位于宁夏中北部，是一条人工修建的排水干渠。由于它流经 2 市 6 县（区），由南向北连通了 6 个拦洪库、2 个滞洪区和 10 多个湖泊，被人们誉为

图 6-15 昔日黄河故道改造成风光旖旎的人工湖

图 6-16 水清岸绿河畅的小浪底水库

"宁夏的南水北调工程"。艾依河的建设打破了宁夏农田灌溉中就农业谈农业，就水利谈水利的思维定式，在不改变现有水系的条件下，充分利用洪水、沟水、渠道退水等固有条件，实现了水生态和水环境的双赢，打造了美丽宁夏的靓丽名牌和西北河湖水系生态建设的典范，标志着宁夏由传统水利向现代水利的理念创新，在宁夏水利史上写下了浓墨重彩的一笔（图 6-19～图 6-21）。

艾依河南起唐徕渠永家湖退水闸，北至石嘴山，总长 180.5km。横跨永宁

图 6-17　生态公园

图 6-18　旅游项目

图 6-19　秀美的艾依河

县、兴庆区、金凤区、贺兰县、平罗县、惠农区 6 县（区），沿线连通贺兰山东麓的 6 个拦洪库和 2 个滞洪区，接引河西灌区永清沟、过江沟、第二排水沟、四二干沟、第三排水沟等沟道的农田排水，从南向北依次为七子连湖、华雁湖、北塔湖、西湖、阅海、沙湖等湖泊湿地补水。

艾依河根据工程布局，划分为上、中、下三段。艾依河上段工程从永宁县李俊镇西邵村至阅海，长 81km。其中西邵村至新桥滞洪区 5.3km，永宁西部水系至七子连湖入口 32.7km，银川城市段 43km 景观河道（七子连湖至阅海闸主河道 24km，贺兰山路汊河 6km，芦草洼汊河 13km），共有水工建筑物 103 座，机电设备 11 台套，河道上建有调节水位的溢流堰 5 座。艾依河上段的主要功能是城市景

图 6-20　艾依河风光

图 6-21　艾依春晓

观和城市防洪,河道设计排水能力 $5 \sim 15 \mathrm{m^3/s}$。中段工程为阅海闸至沙湖,长 27.5km,主要功能是排洪和灌区排水,河道设计排水能力 $28.3 \mathrm{m^3/s}$。中段河道建有调节水位的溢流堰 3 座,船闸 3 座,其他水工建筑物 62 座,机电设备 28 台(套)。3 座船闸是宁夏重点投资建设的亮点工程,开创了宁夏乃至西北水利建设的先河。艾依河上中段河湖湿地蓄水量 7000 万 $\mathrm{m^3}$,上中段年均接纳农田排水、黄河生态补水、雨洪水 6300 万 $\mathrm{m^3}$,其中农田排水占

54%，是艾依河的主要水源；黄河生态补水占 40%；雨洪水占 6%。艾依河下段工程为高荣退水闸至黄河，长 72km，主要功能是排洪和灌区排水，河道设计排水能力 10.3~120m³/s。下段河道建有水工建筑物 130 座。

宁夏是缺水地区，黄河是主要水源，粮食安全是天大的事，这决定了灌溉农业在很长一段时间都会是宁夏水利的头等大事。而艾依河工程最大的特色，一是继承传统，以农田弃水补充湖泊；二是创新，以修灌溉渠系的理念修排水渠道，让曾经的弃儿——七十二连湖连成一体，并最终汇入黄河，在生态水利上主要有以下突破：

（1）以修灌溉渠道的思路修排水渠道。以往的宁夏水利重灌轻排，灌渠体系完整、水流通畅、宽度合理，而排水沟道却是粗放管理，甚至无人管理，以致形成垃圾场、臭水沟，远离渠系的积水日益变苦变咸。而艾依河的建成在排水上实现了精细管理，不仅不受污染，而且还成为著名的水景观。

（2）变死水为活水，变污水为清水，变咸水为淡水。艾依河的建设打破以往排水各自为战的局面，让渠道、农田余水进入湖泊，并且将其连通，一起排入黄河。由于它的存在，湖区的死水变成了活水，增加的流动性使湖泊污水成了清水，咸水成了淡水，生态环境得到彻底改善。

（3）变废水为有用之水。艾依河的主要水源是渠道和农田弃水，此外还有贺兰山的雨水和洪水，真正利用黄河水补充的比重不到四成，这种只用"边角余料"，甚至"废物利用"的方式，最大限度地实现了水的循环利用。

（4）变工程水利为生态水利。艾依河在建设规划中，以银川市城市防洪工程为核心，把现存湖泊湿地资源修复、防洪排水系统、节水型灌区建设和城市建设有机结合起来，科学合理利用洪水、沟水、渠道退水为湖泊湿地补水，大力推进生态环境建设，改善人居环境，实现人水和谐。其发挥的效益也主要在生态方面，是工程水利向生态水利转变的典范。

此外，艾依河在充分实现自身效益的同时，没有改变原有的灌溉体系，它利用原有的地势和河渠走势，充分体现了因势利导、顺其自然的原则，这也打破了传统工程水利的局限。

艾依河水文化建设在充分挖掘地方文化元素的基础上，适时融入多样的文化元素，形成水文化有机聚合体。

（1）充分融入西夏文化。在于祥闸闸室整体运用西夏建筑风格，墙体使用西夏文字书写艾依河建设历程（图 6-22）。

图 6-22　于祥闸

（2）彰显地域文化。艾依河水文化建设突出了对宁夏地域文化及遗产的保护与传承。如围绕宁夏始建年代最古老的佛教建筑海宝塔而建设的北塔湖公园；挖掘古代兵营遗址而设计修建的洪广营闸（图 6-23）等。洪广营闸的典型水工建筑船闸、桥梁、亭台的设计、命名等，皆融入独特的地域文化元素，形成了有个性的艾依河水工程主题文化。如"洪广营闸"命名源自于康熙微服私访宁夏所到洪广营时称赞驻洪广营军队军纪严明，守护着宁夏平原丰田沃土而题的"铁打洪广营"。

（3）打造休闲文化。艾依河水文化建设积极争取水生态修复、水环境治理、中小河流治理、面源污染防控等方面的项目资金支持，加快河道绿化、水环境保护、水文化建设力度；先后实施了河湖综合治理、水系扩整、边坡治理、河道绿化亮化、水环境保护等项目，修建了码头、凉亭、停车场，协调区域人民政府硬化了沿河路面，完善了河道基础设施建设，提高了河道硬件设施水平，水文化载体功能进一步提升；沿线修建了阅海公园（图 6-24）、森林公园、北塔湖公园等水主题公园和亲水文化广场，设立雕塑、碑记、砖雕、木雕、木栈道、观景亭等文化景点；形成"城在水中行，人在画中游"的美丽湿地景观。

近年来，伴随着宁夏的发展战略和银川城市定位的提升，宁夏人民对艾

图 6-23　洪广营闸

图 6-24　阅海公园——阅海桥

依河有了更长远的规划——未来的艾依河可能南接唐徕渠和西干渠合并后废弃的渠道，延伸至青铜峡坝下，北与银北的星海湖、镇朔湖连为一体，成为与黄河平行的宁夏第二条"黄河"；打造艾依河黄金水道，实现沿线各城市的联动成长和相向建设，促进城镇布局集群化；在远离城市段落，建设别具一格的小镇风光，使艾依河成为带动全区大发展的增长极；旅游业蓬勃发展，从青铜峡到石嘴山成为旅游产业带，沿线可参观108塔、牛首山、灵武恐龙遗址、纳家户回族风情园、西夏王陵、镇北堡影视城、沙湖等景观；规划建设举办全国性水上体育竞技项目、钓鱼大赛的水域，打造"塞上湖城"自然风光文化品牌等。

6.2.5　梅林水库

梅林水库地处深圳市福田区下梅林，集雨面积 5.28km²，总库容 1369 万 m³，是深圳市具有重要防洪、供水、调蓄功能的中型饮用水源水库，也是福田区唯一的中型水库（图 6-25）。梅林水库地处中心城区，周边人口稠密，下游 3km 为深圳市福田中心区，防洪保护人口近百万。梅林水库采用先进的设计理念，利用大坝区域现有的水工设施，因势而导，进行水文化创作，传承水利文明，营造水利景观，建成包括中国水文化长卷、中国治水历史文化长廊、深圳水情展区、治水提质新技术展区、海绵城市建设技术展区、水与生活展区等六大创意展区，成为倡导市民识水、亲水、护水的重要平台。

图 6-25　梅林水库

梅林水库坝顶中国水文化长卷将大坝防浪墙顶做斜面处理，形成长 300m 的黄锈石刻巨幅书卷（分哲学篇、文学篇两卷），将中华五千年基于水的经典哲学论述和诗词文学作品，按年代的顺序依次呈现，公众在观水赏水的同时，可以领略我国历史长河中水哲学的博大精深和水文学的豪迈之美（图 6-26）。哲学篇以年代顺序展示 32 幅基于水的经典哲学思想，如"上善若水""智者乐水"的道德修养、"水则载舟，水则覆舟""源清则流清，源浊则流浊"的政治智慧、"兵无常势，水无常形"的用兵之策、"芳林新叶催陈叶，流水前波让后波"的创新之道等，集中展示了儒家、道家、兵家、墨家等诸多思想派别中形成的基于水的思辨认识。文学篇以年代顺序展示 78 幅基于水的经典文学作品，如"关关雎鸠，在河之洲""落霞与孤鹜齐飞，秋水共长天一色""清水出芙蓉，天然去雕饰""一道残阳铺水中，半江瑟瑟半江红""水光潋滟晴方好，山色空濛雨亦奇""乱石穿空，惊涛拍岸，卷起千堆雪""问渠那得清如许？为有源头活水来""滚滚长江东逝水，浪花淘尽英雄"等。

图 6 - 26　梅林水库坝顶中国水文化长卷

中国治水历史文化长廊位于左上坝路，以黄锈石雕、铜雕等形式，集中展示了我国历史上十位著名治水先贤、十项著名水利工程及治水工具等，再现了水利人兴利除害、栉风沐雨、忘我为民的奉献精神，分三段设计：第一段间隔设置黄锈石花岗岩整体高浮雕 10 组，每组高 2.5m，宽 2.1m，厚 20cm，镌刻我国历史上十位著名治水先贤人物图像及场景（图 6 - 27）；第二段间隔设置十座整体石柱，每座高 1.2m，宽 0.8m，厚 60cm，镌刻展示我国历史上十项著名水利工程；第三段在原有墙面上锻黄铜浮雕展示古代各种治水用具（图 6 - 28）。展示内容从大禹治水的传说，到春秋时期管子的治水思想、楚国孙叔敖修建期思一零娄灌区和芍陂工程、吴王夫差开凿邗沟，到战国时期魏国修筑引漳十二渠、秦国修筑都江堰和郑国渠，到东汉王景治理黄河、宋元开通京杭大运河，到清代吐鲁番地区的坎儿井，到现代的三峡工程、南水北调工程，集中展示了中华民族的起源与治水的关系以及我国历代的治水实践、治水思路和治水方略。

图 6-27　治水先贤高浮雕

图 6-28　展区铜雕"取水"

深圳水情展区从水资源、水安全、水环境、水生态四个方面，展示深圳基本水情和建市以来治水实践与成效。40 年来，深圳水务工作者以艰苦卓绝的奋斗和奉献，披荆斩棘、栉风沐雨，在鹏城大地上描绘了一幅波澜壮阔的治水画卷。

治水提质新技术展区从"人与自然和谐共生""绿水青山就是金山银山"等生态文明理念，到深圳市治水提质工作计划（2015—2020）、"一三五八"工作目标、"治水十策"、"十大行动"，到深圳湾流域、茅洲河流域、龙岗河流域、观澜河流域、坪山河流域及前海、大空港、坝光等重点片区的治水提质挂图，集中展示深圳新时期治水提质新理念新技术及规划计划情况。

海绵城市建设技术展区采用视频、展板、物理模型、工程实例及知识互动5 种手段展示了低影响开发的基本理念、起源，在国内外的发展、规划、工程实施以及在各种用地上的应用等，具体展示了 18 种低影响开发技术，是国内第一个"低影响开发雨水综合利用示范教育点"。

水与生活展区利用导渗沟上方平台，普及与市民息息相关的水知识，以雕刻形式展示水与生活、水与心灵、水与城市文明的关系。具体包括水的基本知识、水与人类文明、健康饮水、科学用水、日常节水及世界水文化之窗等 6 大版块内容。

梅林水库以"倡导全社会形成人水和谐的生产生活方式"为核心理念，以深圳水危机水忧患意识教育为主体，以水哲学、水文学、水历史为升华，社会效益和人文价值相结合，建成水文化、水文明展示和宣传教育基地。基地集水利建筑美学、园林景观塑造、雕塑雕刻艺术、室外模型实物、室内影音动画展示于一身，丰富的内容、形象的表达，吸引着来自全国各地的人们前来参观考察，成为深圳水务公益宣传和水情教育的重要平台。

6.2.6 开州坝

开州坝（图 6-29）位于重庆市开州新城区下游 4.5km 处，是开州人民在三峡移民工作过程中，在长江支流澎溪河兴建的一座水位调节坝，也是三峡库区最大的水位调节坝，它以工程的形式治理三峡水库消落区，取得了重大突破。在其上游形成的汉丰湖湿地公园，让开州形成了"城在湖中，湖在山中，意在心中"的景观（图 6-30）。开州坝与汉丰湖作为崭新的城市名片，为开州的发展注入了强劲的推进剂。

图 6-29　开州坝

图 6-30　汉丰湖

开州坝由枢纽工程、生态工程和景观文化工程三部分组成。大坝枢纽为闸坝结合，均布置在原河道之中。从左岸至右岸依次为非溢流坝、鱼道、溢流坝、泄水闸、土石坝挡墙和土石坝。坝顶轴线长 507m，其中非溢流坝长 50m，水闸长 153m，设 7 孔平板钢闸门，每孔宽 15m，溢流坝长 130m，鱼道长 111m，右岸塑性混凝土心墙土石坝长 174m，最大坝高 24m，坝顶高程 177.78m，总库容 0.80 亿 m³。工程的建成，发挥着拦蓄河水、汛期泄洪、过往交通、鱼类洄游等重要作用。

汉丰湖湿地是三峡库区陆地生态景观与水库水生生态景观的交错过渡带，生境类型丰富，为水、陆及两栖生物提供了多种多样的生存条件，是湿地和水生动植物、鱼类、珍稀水禽的生存繁衍场所与迁徙通道。鱼道全长 642m，由鱼道主体、观察室、启闭机房、补水钢管、边坡等组成；主要为洄游性的胭脂鱼、岩原鲤、白甲鱼等珍稀水生物提供过坝繁殖。鱼道主体由两侧挡墙和底板构成，采用潜孔堰隔板式结构，池身每隔 3m 设置一道隔板。鱼道设有透明的观察室，在春季鱼类洄游季节可以近距离观看一场场鱼类过坝的"生命之舞"。此外，还在库区周边实施沿岸生态防护林、湿地及多塘系统、林泽湿地等生态工程，通过地形塑造，形成林泽景观（图6-31）；通过工程措施，减少水土流失；通过植物手段，拦截地面径流污染，净化入库水质；滨水湿地的多样性，使汉丰湖成为鸟类的天堂和候鸟迁徙的栖息地（图6-32）。

图6-31　生态湖岸与乌杨林泽

图6-32　湿地水鸟

开州坝建设过程中融入文化因素，让它成为了令人难忘的艺术品。在坝顶设计上，一改普通水坝的"灰头土脸、粗犷古拙"，而充分考虑开州坝文化特色，将其设计成风雨廊桥（图6-33）形式，配以色彩鲜艳的牌楼（坊）、廊亭、照壁、环廊等古式建筑形式，将其装扮得多姿多彩。在桥栏的设计上融入在本地发掘的汉砖上的图案，使之有了厚重的历史感。216幅绘画作品全部由国内知名画家现场创作，充分体现了开州城的移民文化、秦巴文化、盐文化、橘文化、茶文化、民风民俗等。随处可见的诗句、楹联，映写了开州的古城、民俗和乡村风情。

图 6-33　廊桥

　　在总体景观上，充分采取我国传统山水画中平远、深迥、高远的构图方式。在平湖水面建设调节坝、九孔桥、文峰塔，使原本只有平远的山水画凭空多了纵深感，增添了绵延的韵味，也使三者成为美丽新开州的文化地标。

　　在建筑上，充分利用一城山色半城湖和长达 40km 的环湖生态水岸线，建设占地面积 360 万 m² 的滨湖公园。近水远山，山中有林，林中有园，园林成韵，15 块逾 5 万 m² 的绿地、游园把花香与绿荫、休闲与运动融汇一体。30 多个湖湾、41 个岛屿，以及刘伯承同志纪念馆、风雨廊桥、盛山十二景、军神广场、城南故津广场、湿地宣教中心、文峰半岛举子园、龙王庙等，四大绿色广场、20 个城市主题公园、社区小憩园，三纵十横的绿色城市空间构成了滨湖城市独特的绿色诗篇。

　　开州坝是汉丰湖与美丽滨湖城市的门户，为使这座年轻的滨湖新城更加美丽，更具魅力，开州集群贤之智慧，启动开州坝的文化建筑融合工程。在建筑形态上，撷取了开州这座千年古城的建筑风格和元素，定位明清风雨廊桥。在文化融入上，挖掘"记忆开州"主题文化，面向全国征集汉丰湖诗赋记联作品。文化内涵与建筑景观紧密融合，交相辉映。

　　调节坝和汉丰湖，为开州人民提供了难得的水工程和水文化精品，开州人也以极大的热情投入到对它的运营管理中。以水文化建设促工程建设和城市建设，在规划面积 1303hm^2 的汉丰湖湿地公园，谱写了一部动人的水文化建设篇章。

汉丰湖内湖湾和岛屿 30 多处。开州人为保护汉丰湖的生态，做出了极大的努力。如实施鸟类生境再造工程，打造了生境岛 20 亩，为鸟类提供了良好的生存空间。林泽湿地和生境岛在波光粼粼的汉丰湖水面上交相辉映，成群的候鸟在其间来回穿梭，已成为汉丰湖一道独特的自然和谐景观。汉丰湖湿地公园兼顾生态、景观、经济三大效益，秉承湖与城市水乳交融的理念，人与自然和谐共生。

随着开州坝的建成，汉丰湖景区日益完善，开州先后举办了中国汉丰湖及西部水城高端论坛、中国汉丰湖摩托艇大赛、中国开州汉丰湖城市钓鱼大赛、四国篮球邀请赛、全国青少年书法大赛，中国西部"三色"旅游文化节、川渝陕鄂土特产交易会、三峡库区水上集体婚礼等一系列大型活动，先后获得联合国环境规划署"中国区环境规划示范城市优秀案例""中国十大休闲小城"、中国宜居宜业典范县、国家卫生县城、国家园林县城等一系列国家级殊荣。

2011 年 3 月，开州汉丰湖湿地被国家林业总局批准为国家级湿地公园；2012 年 10 月，汉丰湖景区荣膺为国家水利风景区；2014 年 12 月，汉丰湖景区正式被国家旅游局批准为国家 4A 级风景名胜区；2015 年 12 月，汉丰湖景区入选长江三峡 30 个最佳旅游新景观之一。

6.2.7 江都水利枢纽工程

江都水利枢纽工程（图 6-34）地处江苏省扬州市境内京杭大运河、新通扬运河和淮河入江水道交汇处，主要由 4 座大型电力抽水站、12 座大中型水闸以及输变电工程、引排河道组成。其中江都抽水站始建于 1961 年，到 1977 年建成，是我国第一座自行设计、施工、安装并管理的大型抽水站，也是亚洲最大的电力排灌工程。该工程既是江苏江水北调的龙头，也是南水北调东线工程的水源，因其规划布局合理、设计施工科学、运行管理规范，堪称江苏乃至全国治水的典范，被誉为"江淮明珠"。该工程 1982 年荣获国家优质工程金奖，2001 年入选国家水利风景区。

2005 年 12 月起，为配合南水北调东线工程建设，江都抽水站进行了更新改造施工。该改造工程是南水北调东线一期工程的重要项目，工程位于淮河入江水道尾闾与新通扬运河交汇处的江都水利枢纽工程内。根据南水北调东线工程总体规划，江都水利枢纽的 4 座泵站作为南水北调东线工程从长江取水的起点

图 6-34　江都水利枢纽工程

泵站，设计流量 400m³/s。改造工程的主要内容有：①江都第三抽水站更新改造工程；②江都第四抽水站（图 6-35）更新改造工程；③江都抽水站变电所更新改造工程；④江都西闸除险加固工程；⑤江都东、西闸之间河道疏浚工程；⑥江都船闸改建工程。江都抽水站改造工程完成后，年运行时间最高达 8000h，年抽水总量约 115 亿 m³，为解决我国北方地区水资源紧缺问题、改善生态环境、促进经济社会的可持续发展做出了重要贡献。

图 6-35　江都第四抽水站

　　作为我国自行设计的第一座大型泵站的管理者与运行者，在 50 多年的建设和发展历程中，江都水利枢纽人敢为人先，始终坚持以水工程为依托，以水文化为灵魂，逐步形成集水利工程历史遗迹、特色水利工程建筑风貌、扬州园林地域风情于一体的东线"源头"特色水文化。

江都水利枢纽风景区由"一区三园"即"源头"中心区和万福归江文化园（图6-36）、邵仙运河文化园、宜陵生态文化园组成，景区总面积3.26km²，其中陆域面积1.68km²、水域面积1.58km²。景区资源丰富、特色鲜明，以气势恢宏的水利工程为主体，融合沿江风光、淮河美景、运河情怀，水利工程与生态文明相辅相成，历史印记与现代人文交相辉映。

图6-36 万福归江文化园

在工程建设、管理、改造的过程中，注重保存和打造富有"源头"特色的水工程和水文化。集结时代元素塑造建筑，如江都第一抽水站附近的源头广场，设置"源头"纪念碑（图6-37），刻有同名赋文；江都第三抽水站兴建时处于"文革"时期，更新改造中保留其泵房顶部矗立的"三面红旗"及墙体上的"世界人民大团结万岁""伟大的中国共产党万岁"等红色标语；江都第四抽水站建于20世纪70年代，在厂房改造时依旧采用具有当时建筑特色的回形纹水泥廊架；江都西闸建有"南水北调第一闸"文化石，江都东闸建有"临江都闸怀古"文化墙。此外，在万福闸（图6-38）兴建江都水利枢纽水闸科普园，将万福闸鱼道打造成"跑鱼河公园"；在邵仙闸新建"畅廉文化园"等具有"源头"特色文化景观。景区迎宾主干道——银杏大道，被央视冠以"黄金大道"的美誉，吸引众多摄影爱好者和观光游客，成为知名品牌；秋冬时节，来此越冬的红嘴鸥成为又一景致。景区先后兴建迎宾馆、江都水利枢纽展览馆（图6-39）、园中园和芒稻茶社，成为集接待、展示、会务、餐饮、住宿等多种功能于一体的综合服务场馆。

图 6-37　"源头"纪念碑

图 6-38　万福闸

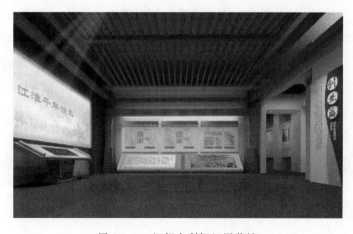

图 6-39　江都水利枢纽展览馆

　　江都水利枢纽工程在 50 多年的建设与发展中，始终注重水利工程的功能性利用、哲学性利用、文化性利用以及美学性利用，把握水脉，融合文化，传承创新，充分凝结水工程、水生态、水文化精华的水陆空间，持续打造美丽"源头"。

参 考 文 献

［1］ 靳怀堾.中华水文化通论（大学生读本）［M］.北京：中国水利水电出版社，2015.

［2］ 李宗新.中华水文化概论［M］.郑州：黄河水利出版社，2008.

［3］ 李宗新，李贵宝.水文化大众文化读本［M］.北京：中国水利水电出版社，2015.

［4］ 饶明奇.水与制度文化［M］.北京：中国水利水电出版社，2015.

［5］ 王瑞平.水与民风习俗［M］.北京：中国水利水电出版社，2015.

［6］ 左其亭.水文化职工培训读本［M］.北京：中国水利水电出版社，2015.

［7］ 董文虎.水与水工程文化［M］.北京：中国水利水电出版社，2015.

［8］ 谭徐明.中国古代物质文化史.水利［M］.北京：开明出版社，2017.

［9］ 吕娟.水文化理论研究综述及理论探讨［J］.中国防汛抗旱，2019（9）：51－60.

［10］ 刘军.文化与河流［J］.华北水利水电大学学报，2002（1）：55－58.

［11］ 张英霞，张磊，王长坤.从哲学思维看我国的湖泊文化和生态文明［J］.西安文理学院学
报（社会科学版），2009，12（6）：44－46.

［12］ 胡彦鸿.荆江大堤千年筑就［J］.中国三峡，2017（8）：58－67.

［13］ 徐家久.安丰塘（芍陂）古代水利工程考古调研报告［J］.文物鉴定与鉴赏，2017（10）：
86－87.

［14］ 周波，谭徐明，李云鹏，等.芍陂灌溉工程及其价值分析［J］.中国农村水利水电，2016
（9）：57－61.

［15］ 陈桂权.灌溉农具水梭考［J］.农业考古，2017（3）：151－153.

［16］ 尉天骄.水工具的文化内涵［J］.中国三峡，2015（5）：13－19.

［17］ 林声.中国古代各种水力机械的发明（上）［J］.中原文物，1980（1）：4－11.

［18］ 林声.中国古代各种水力机械的发明（下）［J］.中原文物，1980（3）：19－25.

［19］ 周魁一.我国古代水利法规初探［J］.水利学报，1988（5）：28－38.

［20］ 时德青，孔玲.中国古代水利法规研究［J］.山东水利职业学院院刊，2008（3）：65－69.

［21］ 万金红.渠长与古代基层灌溉水利管理［J］.中国水文化，2017（5）：55－56.

［22］ 张慧琴.诗人范成大与《通济堰规》［J］.农业考古，2005（3）：162－167.

［23］ 林昌丈.水利灌区管理体制的形成及其演变——以浙南丽水通济堰为例［J］.中国经济史

研究，2013（1）：44 - 54.

[24] 谭徐明．屯堡文化背景下的贵州鲍屯古代乡村水利工程［C］//第十五届中国科协年会论文集，贵阳：2013.

[25] 张荷．古代山西引泉灌溉初探［J］．晋阳学刊，1990（5）：46 - 51.

[26] 李云峰．水的哲学思想——中国古代自然哲学之精华［J］．江汉论坛，2001（3）：63 - 67.

[27] 周魁一．中国千年治水的哲学观与现实意义［J］．中国应急管理，2007（9）：24 - 26.

[28] 潘杰．以水为师：中国水文化的哲学启蒙［J］．江苏社会科学，2007（6）：49 - 51.

[29] 葛红兵，杜建．中国文学中的水文化蕴涵［J］．中国三峡，2010（2）：5 - 15.

[30] 王合成．得江河湖海之神韵　写诗词歌赋之绝唱——论水文化与中国文学艺术的关系［J］．中国三峡，2014（10）：11 - 24.

[31] 尉天骄．流淌在艺术之中的"水"［J］．中国水利，2017（1）：61 - 64.

[32] 靳怀堾．中国传统社会特有的"集体无意识"：关于水的信仰［J］．中国水利，2016（19）：60 - 64.

[33] 张海明．中国民间信仰与水文化关系探析［J］．浙江水利水电学院学报，2019（2）：5 - 9.

[34] 曹娅丽，邸平伟．水文化遗产与民间信仰［J］．民族艺术研究，2018（4）：115 - 122.

[35] 王培君．镇水兽与中国传统镇水习俗［J］．河海大学学报（哲学社会科学版），2012（2）：53 - 57.

[36] 汪健，陆一奇．我国水文化遗产价值与保护开发刍议［J］．水利发展研究，2012（1）：83 - 86.

[37] 陈雷．保护水文化遗产　弘扬先进水文化［N］．中国文物报，2011 - 05 - 18.

[38] 谭徐明．水文化遗产的定义、特点、类型与价值阐释［J］．中国水利，2012（21）：1 - 4.

[39] 靳怀堾．如何才能保护和利用好水文化遗产［N］．中国水利报，2013 - 12 - 26.

[40] 王磊，解华顶，张裕童．水文化遗产生存状态及解决办法初探［J］．中国水利，2019（12）：59 - 61.

[41] 程安祺，韩锋．文化景观视角下的湖州太湖溇港遗产保护［J］．绿色科技，2019（19）：244 - 246.

[42] 李宗新．以文为魂，提升水工程的文化品位［J］．河南水利与南水北调，2012（23）：27 - 30.

[43] 靳怀堾．水利规划应有水文化的内容［N］．中国水利报，2013 - 04 - 25.

[44] 靳怀堾．水工程设计不能少了"水文化"［N］．中国水利报，2013 - 06 - 27.

[45] 靳怀堾．水工程施工要铸造"水文化"［N］．中国水利报，2013 - 07 - 25.

[46] 靳怀堾．水工程管理要呵护"水文化"［N］．中国水利报，2013 - 08 - 29.

[47] 尉天骄．略论水工程的美学价值［J］．河海大学学报（哲学社会科学版），2012（2）：47 - 52.

[48] 刘冠美．水工程文化的综合开发［J］．水利发展研究，2012（7）：90 - 94.

[49] 水利文明网，［EB/OL］．http：//slwn.mwr.gov.cn/